职业教育艺术设计类专业教材系列

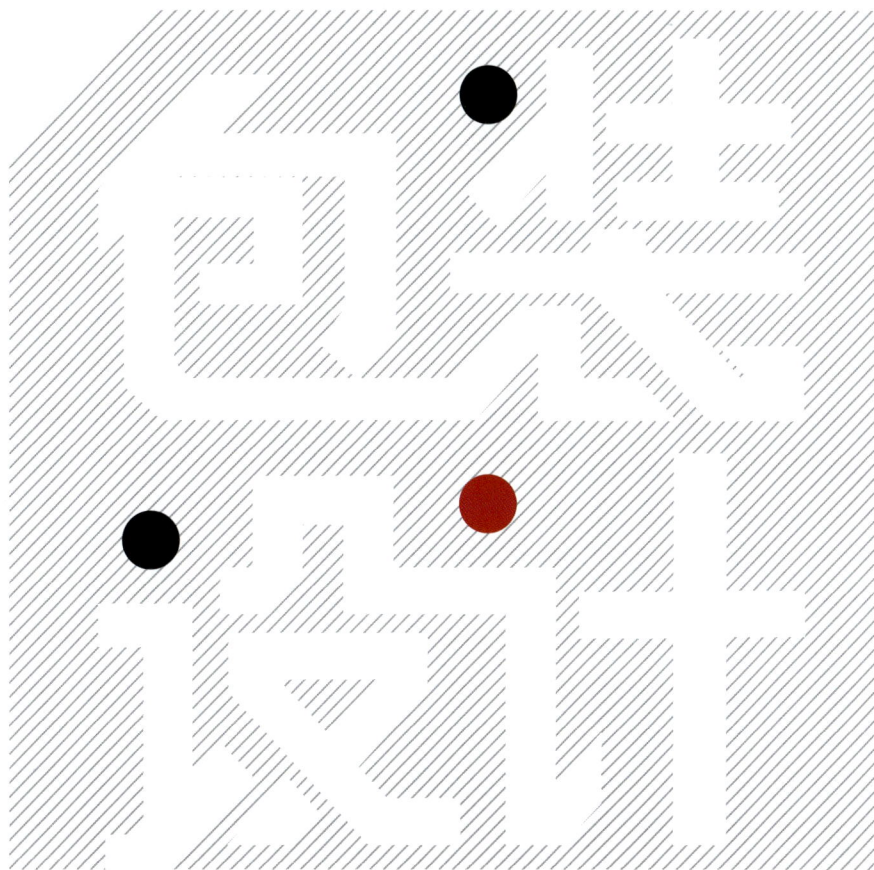

# 包装设计

主　编　唐　宏　李　玥
副主编　刘　静　刘静瑜　何　冬
　　　　漆　波　唐　闻　周鑫海
　　　　王月颖

科学出版社

北　京

# 内 容 简 介

本书根据职业院校艺术设计类专业人才培养的需求，以包装设计与生产流程为主线，以绿色包装、传统文化融合为理念，构建包装设计与设计师岗位认知、包装设计市场调研与创意构思、包装设计与方案表现、包装生产工艺与制作、包装设计的评估与汇报理实一体的模块化教学体系；将包装设计相关知识融入具体的项目中，实现理论知识与设计实践相融合，具有较强的实用性和创新性。

本书可作为职业教育艺术设计类专业教材，也可供广大包装设计爱好者阅读参考。

图书在版编目（CIP）数据

包装设计 / 唐宏，李玥主编. —北京：科学出版社，2022.3
（职业教育艺术设计类专业教材系列）
ISBN 978-7-03-066141-8

Ⅰ. ①包… Ⅱ. ①唐… ②李… Ⅲ. ①包装设计 - 职业教育 - 教材
Ⅳ. ① TB482

中国版本图书馆 CIP 数据核字（2020）第 174896 号

责任编辑：辛桐 / 责任校对：王万红
责任印制：吕春珉 / 封面设计：耕者设计工作室

科 学 出 版 社 出版
北京东黄城根北街 16 号
邮政编码：100717
http://www.sciencep.com

北京中科印刷有限公司 印刷
科学出版社发行　　各地新华书店经销

*

2022 年 3 月第 一 版　　开本：787×1092 1/16
2022 年 3 月第一次印刷　　印张：7 1/4
字数：172 000
定价：38.00 元

在国民经济绿色发展、创新发展的背景下，随着人们生活水平的不断提高，企业与消费者都对产品包装提出了更高的要求。企业希望自己的产品在日益激烈竞争的市场中能够通过包装设计提升品牌形象和产品的附加值，以增强产品的市场竞争力；消费者希望购买的产品除了满足自己的物质需求外，还能满足自己的情感需求、精神需求，并在功能上具有便利性，以获得良好的体验感。时代的发展给包装设计提出了新的课题，作为包装设计从业人员和即将走向包装设计岗位职业院校的学生，必须充分正视、思考、解答这一时代课题。

本书是四川工商职业技术学院艺术设计专业教师共同努力的成果。编者遵循高等职业教育的特点，把包装设计工作流程进行分解，将包装设计师岗位所必需的基础知识、岗位能力与职业素质等理论知识融入设计流程的关键环节，构建了知识和实践的模块化体系，形成了包装设计与设计师岗位认知、包装设计市场调研与创意构思、包装设计与方案表现、包装生产工艺与制作、包装设计的评估与汇报五大模块。在每一模块加入相应的拓展内容，以拓宽学习者的知识面，提升其职业技能与素质。

在编写本书的过程中，编者参考了一些相关著作及文献，得到很多专家、同行的悉心指导与帮助。本书中的部分作品来自四川工商职业技术学院设计艺术系的专业教学、课程实践成果，其中包括吴秀菊、刘阳春、欧阳文静、任静萱、陈科帆、王耀晗、吴兰、张瑶、魏黎、李海清、阎佳、李娜、王芬、杨路、邹为、陈力、龙平、李秋、廖林、杨蕊绮、王蒲等提供的优秀设计作品，以及成都四三六文化创意有限公司等合作企业提供的优秀设计成果，在此一并致谢。由于编者能力和水平有限，若有不妥之处，期待读者能够给予批评与指正。

前言

目 录

# 模块 1
# 包装设计与设计师岗位认知

　　通过对包装设计师岗位的基本认知，掌握包装设计的基础知识，了解包装设计的发展历程与发展趋势，理解中国传统文化在包装设计中的表现与应用，以及包装设计师的社会责任。

## 知识目标

1. 了解包装设计行业现状与职业岗位、能力的要求；
2. 了解包装设计的工作流程；
3. 了解现代包装设计的趋势及新理念；
4. 理解包装与包装设计的基本概念及其延伸；
5. 理解包装的功能；
6. 理解包装的分类与形式；
7. 理解绿色包装设计的特点与设计方法。

## 技能目标

1. 能分析各种包装形式的特点；
2. 会区别不同包装的类型。

## 素质目标

1. 培养学生具有正确的社会主义核心价值观，遵纪守法，具有较强的法律意识；
2. 培养学生形成良好的职业精神、职业能力和心理素质；
3. 培养学生的审美情趣、文学艺术修养和文化品位。

## 学习内容与训练项目

1. 包装设计岗位认知；
2. 包装设计基础知识；
3. 中国传统文化与包装设计。

## 1.1 包装设计师的岗位认知

### 1.1.1 包装设计师岗位的基本要求

随着时代的发展和人们对美好生活追求的日益提高，市场和消费者对产品的包装设计提出了越来越高的要求。作为包装设计师应该准确把握市场和消费者的需求，具备良好的设计创意能力与审美素养，掌握包装设计的相关工具，熟悉包装设计项目的流程，以及包装生产制作的材料与工艺等。

包装设计师岗位的基本要求

一名包装设计从业人员必然经历从助理包装设计师、包装设计师到高级包装设计师的成长过程。要成为一名合格的包装设计师必须具备以下职业能力。

（1）熟练运用各类平面设计软件及制图软件：CorelDRAW、Adobe Illustrator、Photoshop等。

（2）具备良好的图形、文字、编排等平面设计技能。

（3）具备一定的品牌设计与广告设计能力，能准确理解包装设计与品牌设计、广告设计的关系。

（4）熟悉产品的包装结构、材料、工艺设计、印刷工艺及包装设计制作的流程。

（5）对时尚具有敏锐的洞察力，具有创新意识和良好的审美能力，能准确把控平面设计的思路。

（6）具备良好的设计实践能力和团队协作精神，具备良好的沟通能力与理解能力。

### 1.1.2 包装设计项目工作流程

任何工作都必须遵循相应的工作流程和工作方向，包装设计只有按照规范的设计流程与方法开展项目工作，才能有效保证项目工作的顺利推进，保证包装设计的效果。包装设计项目的开展可以分成沟通调研、项目策划、设计表现和生产制作四个阶段（图1-1）。

包装设计项目工作流程

#### 1. 沟通调研

在沟通调研阶段，明确客户需求、准确把握设计对象特点是包

| 沟通调研阶段 | 企业背景 | 项目策划阶段 | 设计定位 | 设计表现阶段 | 设计分析 | 生产制作阶段（以纸盒包装为例） | 制版、印刷 |
|---|---|---|---|---|---|---|---|
| | 品牌形象 | | 设计思路 | | 初步设计 | | 表面加工 |
| | 产品特点 | | 实施方案 | | 设计深化 | | 模切、压痕 |
| | 市场推广与营销策略 | | 反复沟通 | | 设计定稿 | | 制盒 |
| | ⋮ | | ⋮ | | 方案验证 | | ⋮ |

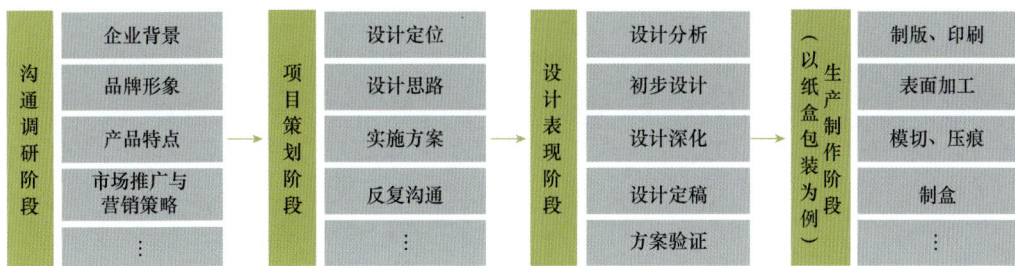

图 1-1　包装设计流程图

装设计项目顺利开展的前提。设计师应与客户进行沟通交流，通过有效的沟通和必要的调研工作，明确企业背景、品牌形象、产品特点等相关信息。双方应明确项目实施的可能性、具体实施的内容和实施的进程等，为包装项目的实施奠定基础。

### 2. 项目策划

项目策划阶段，即在开始设计工作之前为确定设计的方向和目标，所开展的前期项目策划工作。通过前期的产品研究、市场调研等，找到产品包装的市场切入点，确定目标消费群体，并根据销售对象的年龄、职业、性别等因素综合考虑产品的特点、销售方式及包装形象设计，结合产品定位和竞争对手的情况，确定产品的特性、卖点、成本及售价等，最终形成详细的包装设计策划方案，明确包装设计定位、设计思路、实施方案等，保障包装设计项目的顺利实施。

### 3. 设计表现

这一阶段，项目设计团队需要对包装设计项目进行研讨，明确设计重点、视觉传达表现、造型设计和包装结构设计等具体方案。具体包含以下内容。

（1）设计分析。设计分析是指设计师以市场调研为基础、建立在资料分析之上的设计思维判断。设计分析工作包括提出图形、色彩、文字和材料的整合构思，以及确定实现设计所需采取的具体手法和工艺等，并预测产品包装最终的表达效果，以及产品投放市场后所产生的市场效应和社会效益等。

（2）初步设计。初步设计是进行包装设计快速构思和表现各种创意方案的阶段，即对设计对象从多角度、多层次、尝试性地拟定各种可能的初期设计方案。

（3）设计深化。这一阶段必须解决两个方面的问题：一方面，在深入讨论设计理念与设计草图是否一致的基础上，从创意性、艺术性、文化性、审美性等层面对初步设计的草图进行筛选，从中选出具有代表性的草图；另一方面，对选中的草图进行深化设计，做出效果图。

（4）设计定稿。这一阶段要求将前期选择的最佳方案，通过适当的表现手法，使之完美、准确地表现出来，并围绕主体进行再设计。

（5）方案验证。在这一阶段，根据定稿的几个方案进行包装印刷打样，鉴定其工艺、技术等各方面的可行性，同时也测试其造型、色彩与环境及流行趋势的吻合程度，为生产制作进行最后的方案验证。

### 4. 生产制作

生产制作是使包装设计方案转化成包装产品的必需手段，也是包装设计流程中的重要环节。以纸盒包装生产制作为例，其制造工艺流程为：制版、印刷→表面加工→模切、压痕→制盒。

（1）制版、印刷。印刷的形式主要有凸版、平版、丝网、照相凹版、柔性版等，目前市场上通常以平版印刷、丝网印刷为主。同时凸版印刷应用也较多，凸版印刷可以得到印刷清晰、色彩鲜明、光泽好的成品，但制版工艺烦杂，不如平版印刷简单。

（2）表面加工。根据包装效果的需要可进行涂覆聚乙烯、粘贴表面薄膜、涂蜡及压箔、压凸等工艺，以增强包装的视觉效果，也可以起到一定的防潮、防水效果。

（3）模切、压痕。模切就是用模切刀根据产品设计要求的图样组合成模切版，在压力的作用下，将包装印刷品轧切成所需形状或切痕。压痕则是利用压线刀或压线模，通过压力的作用在包装板料上压出线痕，或利用滚线轮在板料上滚出线痕，以便板料能按预定位置弯折成型。通常模切压痕是把模切刀和压线刀组合在同一个模板内，在模切机上同时进行模切和压痕加工，简称为模压。

（4）制盒。制盒即将印刷制作完成的半成品按照包装设计的要求进行最终成品制作。如果是小规模的试生产，可先将开发出的产品装入小批量生产的包装中，然后委托市场调研部门对样品进行消费者试用、试销的市场调查，再通过反馈的情况最终决定投入生产的包装方案。

一件包装设计作品的完成不仅是纸面上的方案或计算机中的图纸，而且是包括包装成品生产制作到消费者使用及用户反馈的全过程。在设计的过程中既要系统策划整体创意，也要解决每一阶段的具体问题，同时应不断对最初的需求和目的做出反馈与调整。

## 1.2　包装设计的基础知识

### 1.2.1　包装设计的概念

#### 1. 什么是包装

日本工业标准JIS101为包装下的定义为：包装为便于物品之运输及保管，并维护商品之价值，保持其状态，而使用适当之材料或容器而施以技术使产品安全到达目的地。

美国对包装的定义为：为便于货物之输送、流通、储存与贩卖，而实施之准备工作。

英国对包装的定义为：为货物运输和销售所做的艺术、科学和技术上的准备工作。

加拿大对包装的定义为：包装是将产品由供应者送到顾客或消费者手中而能保持产品完好状态的工具。

中国《包装术语　第1部分：基础》（GB/T 4122.1—2008）中包装的定义为：为在流通过程中保护产品、方便储运、促进销售，按一定技术方法而采用的容器、材料及辅助物等的总体名称，也指为了达到上述目的而采用容器、材料和辅助物的过程中施加一定技术方法等的操作活动。

各个国家或组织对包装的定义有着不同的表述和理解，但基本含义是一致的，即包装是为在流通过程中保护产品、方便储运、促进销售，按一定的技术方法所用的容器、材料和辅助物等的总体名称，也指为达到上述目的在采用容器、材料和辅助物的过程中施加一定技术方法等的操作活动。图1-2为"共享川味"火锅底料产品系列包装设计。

包装设计的基础知识

#### 2. 包装的功能

通过以上对包装定义的分析，我们可以看到，一件产品要经历生产领域、流通领域及销售领域，最终才能到达消费者手中，"产品"只有进入流通领域之后才能成为真正的"商品"。产品包装作为产销之间的桥梁，在这一过程中起着非常重要的作用，我们将其归纳为三大功能。

（1）保护功能。保护功能是包装最基本的功能。包装不仅要防止商品物理性损坏，如防冲击、防震动、耐压等，也要防止各种化

图1-2　"共享川味"火锅底料产品系列包装设计
（设计：任静萱　指导教师：刘静）

学性及其他方式的损坏，如深色的酒瓶可以保护红酒少受光照射，延长保质期；各种复合膜的包装可以在防潮、防光照等方面发挥作用等。图1-3为鸡蛋的防震包装设计。包装对产品的保护还需考虑时效性，有的产品需要包装能提供长时间的保护，而有的包装只需简单的包装设计，以达到节约成本、易于回收和销毁的目的。

（2）便利功能。包装设计应便于运输和装卸、保管和储藏、携带和使用、回收和废弃处理等。设计时应充分按照人体工学的原理，综合考虑消费者的使用习惯、心理需求等因素，同时，包装空间的方便性对降低流通费用也是至关重要的。对于商品种类繁多、周转快的超市来说，货架的利用率是十分重要的指标。规格标准化包装、挂式包装、大型组合产品拆卸分装等，都能比较合理地利用物流空间。图1-4为一种便携式水果包装设计。

（3）销售功能。包装又称之为"无声的销售员"。

图1-3　鸡蛋的防震包装设计

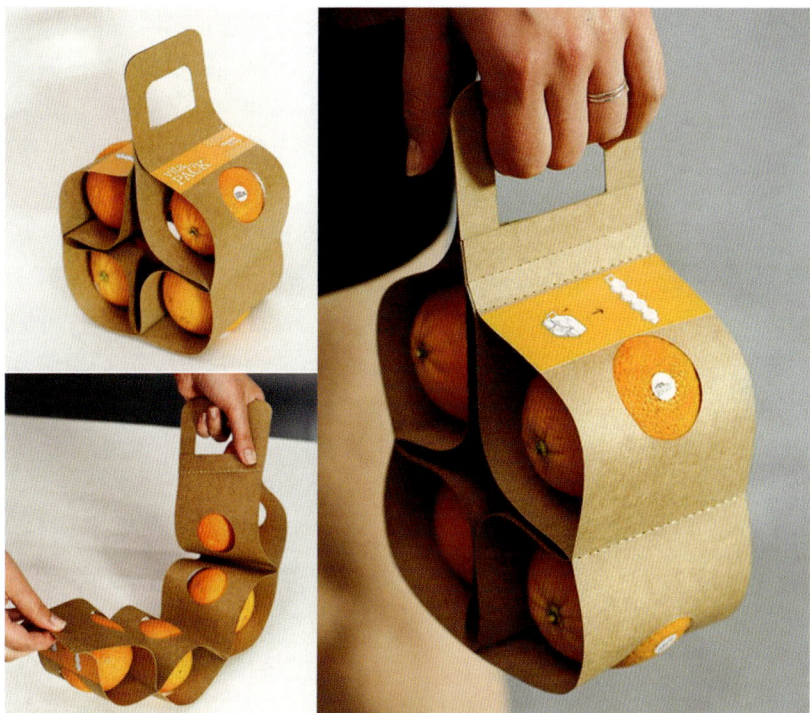

图1-4　一种便携式水果包装设计

现代社会物质产品极大丰富，不同厂家的商品如何在众多的竞争对手中脱颖而出，吸引消费者的视觉关注，只有依靠产品的包装方能展现自己的特色。通过精巧的造型、醒目的商标、得体的文字和明快的色彩等视觉艺术语言宣传产品，可起到推销产品、引导消费的作用。促销功能必须以美感为基础，现代包装要求将"美"的内涵具体化。包装的形象不仅要体现出生产企业的性质与经营的特点，而且要体现出商品的内在品质，能够反映不同消费者的审美情趣，满足他们的心理和生理的需求。

### 3. 什么是包装设计

包装设计是科学技术与艺术的结合，它不仅是包装物表面单纯的装饰与美化、包装物的造型与制作，而且是一个企业整体形象策划、广告宣传与推广、产品销售的重要组成部分，是商业领域中的一种推销手段。它不同于艺术创作，与市场紧密联系，以满足消费者物质与精神的需求，准确传播商品的信息与文化理念，吸引受众产生购买，达到服务企业宣传、品牌塑造、产品销售的目的。

具体来讲，包装设计主要包括包装造型设计、包装结构设计及包装装潢设计三大内容。

（1）包装造型设计：又称为形体设计，即包装外部立体空间形态的设计，包括外盒造型和容器造型等。包装造型设计的重点主要是包装容器的造型设计，如酒瓶、饮料瓶、化妆品瓶、药瓶等。在进行容器造型设计时，不能只考虑容器的形体和形体上的装饰纹样，还须考虑容量空间、组合空间和环境空间之间的关系。

（2）包装结构设计：即根据产品的需要，从包装的保护性、便利性等基本功能和生产实际条件出发，依据科学原理对包装的外部和内部结构等情况进行的设计。包装结构设计中最常见的是纸盒结构，包括硬纸盒和软纸盒，软纸盒又分折叠纸盒、直立式纸盒、托盘式纸盒、间壁式纸盒等。一个优良的包装结构设计，应当可以有效地保护商品，并具有使用、携带、陈列、装运方便、可重复利用及有助于商品销售的特性。

（3）包装装潢设计：是设计艺术与工程技术的有机结合，是一门创意设计和工程技术结合的综合性学科，即指对盒、袋、罐、瓶等各类包装形式的平面视觉要素进行整体设计。它通过图形图案、插画、文字、色彩、版式编排等视觉传达要素的有效表达，来传达产品信息，突出产品的特色和形象，装饰和美化产品，以强化消费者的认知，促进产品的销售。图1-5为"黑花生"产品包装设计。

除了以上内容外，包装设计中还应充分考虑包装材料、包装印刷、制作工艺等相关影响因素。

图1-5 "黑花生"产品包装设计
（设计：王耀晗　吴兰　指导教师：刘静）

## 4. 包装的分类

包装的分类方式多种多样，常见的有以下几种。

（1）按照产品的内容分类：即按照包装产品的类型可分为食品包装、药品包装、酒包装、电子产品包装、

包装的分类

机械包装、纺织品包装、工艺品包装等，还可以细分为矿泉水包装、手机包装、影像制品包装等。

（2）按照使用方式分类：即根据产品的具体使用方式可分为礼品包装、一次性包装、可回收包装等。

（3）按照使用材料分类：即按照包装的制作材料可分为木质包装、纸质包装、塑料包装、金属包装、玻璃包装、陶瓷包装、织物包装、复合材料包装等。当然，在实际的设计中也经常会多种材料复合使用，如白酒的内包装为玻璃容器，而外包装为纸盒；还有的包装是由纸质材料、织物、塑料、金属等多种材料共同组成的。在进行包装设计的时候要依据产品的特性和具体的设计风格灵活选择包装材料，同时还应充分考虑绿色环保的要求，尽量使用环保节能、可再生材料，如纸质、木质等材料。图1-6为"七佛缘"茶叶包装设计，图1-7为一种便携式啤酒包装设计。

图1-6　"七佛缘"茶叶包装设计
（设计：张瑶　指导教师：刘静）

图1-7　一种便携式啤酒包装设计

（4）按照包装形态分类：从最接近产品的包装形态开始依此类推，我们可以将包装分为一级包装、二级包装、三级包装、四级包装……。通常一级包装为内包装，它直接与产品接触，如何很好地保护产品是这种包装设计的重点，须根据产品的特性选择合适的材料和包装形式。二级包装为个包装，也称之为销售包装，处于个包装的外层，这种包装设计除了考虑保护性功能外，还需考虑视觉效果和使用的方便性。三级包装通常是对多个包装的再次组合包装，如一些食品、茶叶的包装就是多个小盒外面套一个大盒作为整体包装。四级包装通常为外包装，也称之为运输包装，它一般不与消费者直接见面，用箱、袋等对产品做外层保护，以便于运输。

随着社会生活水平的不断提高，商品的种类和形式在不断丰富，包装新材料也在不断涌现，因此包装的形式并不是一成不变的，我们在进行包装设计时，应根据产品的特性和具体的使用方式进行仔细分析和创意设计。

### 1.2.2　礼品的包装设计

礼品作为特殊用途的商品，在产品包装的设计、制作等方面有别于普通的产品包装，具有其自身的特点。一般产品的包装设计主要考虑消费者的使用需求。礼品是消费者赠送给他人的礼物，包装设计如何表达对他人的深情厚谊和祝福，同时将这些情谊和祝福与

礼品的包装设计

产品特性充分结合就显得尤为重要。因此在进行礼品包装设计时，应注意以下几个方面。

（1）指向性。现代礼品多种多样，不同的场合、时间、节日、对象，对应不同的礼品，这就要求礼品包装设计应该有十分明确的指向性。图1-8为端午节礼盒包装设计。图1-9为月饼礼品包装设计。

图1-8　端午节礼盒包装设计

图1-9　月饼礼品包装设计

（2）品质性。现代礼品包装是礼品的主要载体，是馈赠物品的一部分。因此，要选择适当的包装材料、结构和装潢设计，以表现出礼品的精致、华丽、优美的高贵品质，并满足人们情感表达的心理需求。

（3）独特性。不同的产品，由于产地、特性的不同，呈现出各自独特的个性，尤其在旅游产品的礼品包装设计时，应充分突出产品及所在地区独特的地域文化、民族风情。越是有个性、有特色的礼品包装，越会受到人们的喜爱。

（4）趣味性。礼品具有传达人与人之间相互感情的功能，因此应从消费者的情感出发，在包装的造型、装潢等设计中运用比喻、夸张、拟人、幽默等手法及巧妙的构思，增加包装的趣味性，以引发消费者的情感共鸣。

（5）创新性。在激烈的市场竞争中，新颖的包装设计能够使产品在销售过程中有效地吸引消费者的关注，在众多的竞争者中脱颖而出，同时使礼品赠送他人时带来良好的情感体验，这就要求产品包装的外观造型、容器设计、装潢设计及制作工艺、材料选用等，在符合产品特性的前提下能够打破常规、突破创新，产生新颖、独特的艺术美感。

### 1.2.3　系列包装设计

系列包装设计

　　系列包装设计又称之为"家族式"包装设计，是现代包装设计中常用的一种表现形式，它将一个企业不同的商标、品名的产品以某种共性特征进行统一包装设计。在相同商标及品牌的统领下，利用统一的包装造型、色彩、图形、文字、编排等设计，使不同的产品形成一个具有统一形式特征的群体，即产生统一的视觉形象，从而增强产品包装的整体形象感，加深消费者对品牌的印象，达到提升产品形象的视觉冲击力、强化视觉识别效果、扩大产品销售量的目的。图1-10为芙蓉花系列文创产品包装——"芙蓉"手工皂包装设计。

图1-10　芙蓉花系列文创产品包装——"芙蓉"手工皂包装设计
（设计：成都四三六文化创意有限公司）

#### 1.　系列包装的特点

　　随着社会经济的不断发展和消费者日益增长的物质需求，企业都在积极开发新产品，产品的多样化促进了产品包装的多样化和系列化，向消费者提供方便、识别性强的多样化、系列化的包装设计已成为必然。系列包装有以下特点。

　　（1）形象统一，有利于形成品牌效应。系列包装设计包含形态、大小、版式、形象、色彩、商标、品名、表现手法八项要素。一般情况下，商标、品名、表现手法这三项需要保持整体统一，而其余要素根据产品的不同特点与诉求可进行变化，以产生多样而统一的系列化效果。系列包装通常以产品群统一的形象出现，相对于单体产品更具视觉冲击力。消费者通过系列的品牌视觉形象，对产品形

成深刻的印象，从而实现品牌效应。图1-11为芙蓉花系列文创产品
包装——"芙蓉"香熏包装设计。

图1-11　芙蓉花系列文创产品包装——"芙蓉"香熏包装设计
（设计：成都四三六文化创意有限公司）

（2）产品系列化推广，有利于扩大销售。通常采用系列包装设
计的同一系列产品的数目最少为两个，这些产品通过系列包装可形
成统一的品牌视觉形象，整体进行销售时，能够引发消费者对该系
列同类产品的关注，进而形成对整个系列产品的重复消费行为，可
有效促进系列产品的销售。图1-12为芙蓉花系列文创产品包装——
"芙蓉"花果茶包装设计。

（3）有利于降低成本。包装成本是指企业为完成产品包装业务
而产生的全部费用，包括包装设计费用、包装材料费用、包装技术

图1-12　芙蓉花系列文创产品包装——"芙蓉"花果茶包装设计
（设计：成都四三六文化创意有限公司）

费用、包装人工费用等。系列化包装可以统一设计、使用同一材料、同一生产线等，能极大地降低包装设计和生产的成本。

### 2. 系列包装设计的类型

系列包装设计的类型可以分为产品属性系列化、包装形态系列化、内容物大小系列化、消费者类别系列化、使用场所系列化等。

（1）产品属性系列化，是指某一种相同的产品，为了使用或功能的需要，在产品的配方或原料的选择上有所不同，因此形成产品本身的差异。

（2）包装形态系列化，是指由产品本身形态所决定的包装系列。物质形态分为液态、固态和凝态，因此，产品的包装需要根据其形态进行设计，如袋装、盒装、罐装等。

（3）内容物大小系列化，是指同样产品可以按内容物的重量、体积进行系列化设计，以适应消费者不同用量的需求，如饮料的大小瓶、化妆品的生活装和旅行装等。

（4）消费者类别系列化，是指产品的生产需针对某些特定的消费群体进行特别的定制，并以此形成的系列产品，如洗发水可区分为顺滑、去屑、弹性卷曲、滋养防掉发、乌黑等不同功效，以供消费者选用。

（5）使用场所系列化，是根据产品特性，将产品按使用场所的不同进行细分。这类系列化包装设计多用于家庭用品或个人护理用品，如家庭式盒装、外出旅游式便装、简易式袋装等。

系列包装设计类型的选择，是由产品自身特点所决定的，这就需要包装设计者针对具体的产品形式，并结合销售策略制定出适宜的、可实现的系列包装设计方案。

### 3. 系列包装的设计原则

系列包装是在品牌形象的统领下，采用整体统一、局部变化的设计方式，形成的一个具有统一形式特征的产品群。系列化的表现形式不能一味的刻板和程序化，要遵循一定的"多样统一"原则，寻找能够形成系列感的视觉元素，从而做到系列化包装设计整体格调的协调统一。

（1）明确设计目标。系列包装设计的目标是根据品牌定位和品牌愿景等要求，以提升品牌价值和维护品牌形象的目的为出发点，制定的同类产品的包装设计计划及拟达到的效果。

一个有前瞻性的设计目标包括基本设计和延展设计两大模块。基本设计的目标包含两方面的内容：一是关于品牌的注释，包括产品定位、产品价值和产品个性等，即在包装中体现品牌的核心价值。

二是包装设计的方法，包括设计概念、设计风格、设计禁忌、设计手段和设计技巧等。延展设计包括标志、色彩和辅助图形等基本要素的设计，必须具有可拓展、衍生的设计空间。

（2）统一品牌视觉形象。利用企业形象视觉识别系统建立统一的包装形象，有利于消费者对品牌和企业形象产生持续的记忆力，加深认知度。

（3）形成统一风格。系列化和配套化的一致性包装设计，设计时，在表现手段和风格上要始终坚持同一格调以延续整体品牌的一致性，从而使品牌形象得到进一步深化。

（4）强化品牌个性。产品的个性可以用具体的形象把主题呈现出来，把握其独特性，通过产品包装的每一个特征可以让消费者感受产品卓尔不群的品质。

### 4. 系列包装的设计策略

（1）突出品牌标志。品牌标志是创造产品形象和企业形象的基础和核心，也是产品的特定标记和信誉的载体。品牌标志由商标和品牌名称组成，其形象特点应简洁、概括，以利于识别和记忆。

（2）规范版式和字体。版面的定位是关键，统一的版式设计意味着将版面定位应用在全套系列化包装设计中，即强调商标位置、字体变化、文本排列和图形的统一表现形式。

（3）把握主色调。设计师可根据产品的类型和特征，以某种色调或品牌的专用色作为一个系列的主调色彩；也可以直接应用不同的色彩对每件包装进行区分。

（4）统一图形风格。在系列包装设计中，图形无论是选用摄影作品还是商业插画，都应确定一种格调来传达产品信息，以保证图形风格的一致性。

（5）体现造型特征。外观形态是展示产品、塑造产品形象的有效手段。在系列化包装设计中，赏心悦目的外观形态是十分重要的元素，它可使一系列的产品形成和谐统一的整体。

## 1.3　包装基础知识的拓展

### 1.3.1　包装设计的发展历程

#### 1. 原始生产时期的包装

原始生产时期，人们制作出自己的产品，并对其进行包装，无

包装设计的
发展历程

疑是为了保护产品，便于储藏与携带。在当时生产分工还不是非常细化、产品交换并不频繁的情况下，产品还非商品，包装在功能上更多地接近"包裹"。我们在博物馆中看到的古代的彩陶、青铜器，其中的许多器皿都是盛器与容器，如陶罐（图1-13）、陶盆、青铜壶等，它们都具有保藏食品的作用，可以说是最早的包装形式。

图1-13　陶罐

早期的包装尽管在材料与结构上比较简单，但也具有独特的设计，体现了当时劳动人民的聪明才智。例如，有的青铜器身与盖造型一样，合起来，是一个密封的容器，分开又可成为两个盛器，一种设计，多种用途。又如，中国的一些少数民族运用粗竹筒（图1-14）作为装载食物的容器，既可盛装大米，储藏、携带，还可以随时将其放在火上烤煮。

早期的包装多利用各种天然材料，一方面是当时生产力的发展水平所致，就地取材，因陋就简；另一方面是为了满足生活的需要。天然的包装材料不但可以迅速分解，许多部件还可以反复利用，从而可保护生态环境。在中国，人们大量地运用竹、木、各种植物的叶来包装物品。在日本、朝鲜、越南等亚洲国家，也有大量运用自然材料设计制作的包装。这些包装设计合理，制作精良，巧夺天工。

图 1-15 为麻绳包装。

图 1-14　竹筒包装

图 1-15　麻绳包装

## 2. 手工生产时期的包装

手工生产时期的包装即指古代商品交换开始形成，直至工业革命以前的包装。随着生产力的提高，人类进入了新的历史发展时期，手工业使劳动分工有了根本性的改变，商品交换成了产品交换的主要形式，包装在功能上也有了重大的变化，特别是纸和印刷术的发明，大量地运用在包装中，为包装设计打开了新的天地。图1-16为纸包装。

随着商品贸易的不断繁荣与扩大，包装的存储、运输显得尤为重要，对包装保护功能也提出了更高的要求。为了满足人们的精神需求，出现了很多装饰精美、做工精细的包装，同时为了促进产品销售还出现了许多具有宣传、推广功能的图案、文字等包装设计，使得包装设计成为商品流通中不可或缺的重要元素。到了工业革命前期，许多包装已具有相当高的水平。图1-17为中国古代竹制包装。

图1-16　纸包装

图1-17　中国古代竹制包装

### 3. 工业化生产时期的包装

18世纪末到19世纪初的工业革命带来了生产力的快速发展。随着商品经济的发展、商品的丰富、市场交易的迅速扩大，包装开始成为商品流通中的重要环节，作为销售媒介和以引导消费为目的的包装设计，被赋予了新的使命。图1-18为19世纪英国的可可粉包装和饮料包装。1915年，在美国旧金山举行的巴拿马太平洋万国博览会上，我国福建的马玉记白茶用福州漆器箱作外包装，通体做工考究，因此荣获金奖（图1-19）。

可可粉包装 / 英国 /1880 年　　　　饮料包装 / 英国 /1890 年

图1-18　19世纪英国的可可粉包装和饮料包装

图1-19　马玉记白茶盒套装

在19世纪初期，英国的茶叶还都是散装，有些杂货商会在零售产品时掺假或缺斤少两，因而常常引起民愤。一个名叫约翰·霍尼曼（John Horniman）的商人，将其生产的混合茶在出厂时就包装好，并在包装上印上厂名和厂址，从而避免了上述问题的发生。厂家直接包装的出现可以说是商业中的一场革命，它奏响了现代商业的序曲。

在工业革命席卷整个欧洲大陆后，商品经济有了更深、更广的发展。19世纪末20世纪初，各种印刷机械的出现与多色石版印刷技术的发明与完善，为包装设计的制作提供了更加宽广的技术基础。

1879年，广东巧明火柴厂生产的太和舞龙牌火柴即开始使用彩色的印刷包装。1894年问世的印有慈禧太后画像和蟠桃纹样的火柴包装，1905年南洋兄弟烟草公司生产的白鹤牌香烟包装等，是我国近代包装设计的写照。19世纪后期，新的艺术流派与风格在欧洲层出不穷，它们不但影响着建筑、绘画与各种工艺品的设计，也推动着包装设计风格和形式的不断出新。包装业的进一步开发和优化，使得塑料、金属等新材料、新技术在包装设计中得以更广泛的应用，为包装设计的发展带来了广阔的空间。

### 4. 现代包装设计

第二次世界大战后，商业模式发生了翻天覆地的变化，经济的飞速发展带来了物质的极大丰富，人们对美好生活的需求也日益旺盛，这些变化也对包装设计提出了新的要求。20世纪五六十年代，基于市场竞争的需求，美国开始形成的企业形象识别系统（co porate identity system，CIS）战略，这使包装设计发生了根本性的改变。对整个企业形象来讲，包装设计不再是传统意义上孤立的一个点，而是与企业宣传、产品促销相关的一条线、一个面。设计一个包装，不仅要解决产品包装的自身形象、信息配置等问题，还要合理解决与整个系列包装的关系，以及包装与整个企业视觉形象的关系等问题。在今天，系列化、规范化的包装设计是现代企业管理和参与市场竞争的必要手段。它可以让企业在展示自身形象与对外进行产品促销的活动时降低成本，保持高质量的视觉品质。试想，"麦当劳""百事可乐"这样的跨国企业，如没有规范的包装设计、制作要求，全球各分公司各行其是，整个企业的形象就会支离破碎，包装及产品的质量也会无法保证。20世纪50年代，自选商店在美国迅速取代了传统的杂货店，包装又华丽转身为一个无声的推销员。此时，包装设计主要集中在品牌的辨识上，以及观众熟悉的色彩上，以扩大商标的名字或标志，图1-20为我国台湾大米的包装。

20世纪六七十年代，美国和欧洲的许多家庭都开始使用家用电器，厨房中会配置全套的食品烹饪器具。很多食品也开始以脱水、冷冻包装的形式投放市场，其相应的食品包装也具有了不同的功能和形式。图1-21为瑞士20世纪60年代的黄油包装。

图1-20　我国台湾大米的包装

图1-21　瑞士20世纪60年代的黄油包装

### 5. 包装设计的发展趋势

当今社会，商品极大丰富、新的商业模式不断涌现，人们的需求也日益多元化，包装设计的发展趋势主要体现在以下几个方面。

（1）后现代主义设计思潮的影响。起源于20世纪60年代的后现代主义，是对现代主义的一种批判。在包装设计中，后现代主义的设计更多地表现为一种包装风格上的倾向性，主要体现在设计中的地域性与人性化的两个方面，其反对设计中表达语言的单一性和冷漠性。地域性是许多国家设计师非常重视的问题，是保持一个民族设计文化个性的重要手段。日本的产品包装设计中就善于运用许多东方及日本特色的图形符号、书法等，取得了很好的视觉效果。西方后现代主义设计师则在各种历史发展阶段的设计风格中寻找元素，变化处理，以从某一个角度反映其相关国家的地域文化。近年来，随着我国国际地位的不断提高，国人的民族自豪感在极大地提升，对中国传统文化也日益自信，在包装设计领域也越来越多地出现将中国传统文化要素与包装设计结合的优秀案例。

（2）人性化也是当代包装设计师面临的一个重要课题，无论是从包装的功能上、使用上，还是产品文化内涵上，如何满足人们多元的精神、情感需求，成为包装设计师首要思考的问题。运用各种具有幽默、滑稽、怀旧、乡土气息等特殊意味的表现形式，可提升产品包装在消费者情感上的认同感，使包装具有鲜活力和温度感。

（3）环保是当今世界人类共同面临的问题，"环保包装""绿色包装"也是当代包装设计师需要认真思考的重要课题。最初，在包装设计时会在包装图案中加入各种环保的符号。20世纪60年代，一些产品包装上曾出现"请在抛弃这个包装时注意环境整洁"等宣传语句，以倡导公众对环境进行保护。现在，对环保包装的认识日益深刻，主要体现在以下几个方面。

① 节省材料。

② 材料的可回收率、再生率的提高，提倡材料的多次利用，出现再生性材料。

③ 材料销毁的便利性，即不破坏环境。

包装设计的发展过程也是包装理念的更新历程，每一个时期的包装都有其鲜明的时代烙印。包装理念的更新，反映出了人类文明与科技的发展历程。新产品的产生、消费形态的改变、商业流通的发展、新材料的涌现，生产工艺、技术的改进，市场营销的发展等都会促进新的包装理念的产生。人们生活观念、审美情趣的改变也会对包装的理念产生影响。我们只有充分了解包装新理念的形成因素，在设计中准确把握其精髓，才能设计出符合时代特色、受消费者欢迎的包装产品。

## 1.3.2 传统文化与包装设计

包装设计是人类向自然学习的产物，是智慧和文化传统的结晶。不同国家的包装设计，由于受到各种传统文

传统文化与
包装设计

化的影响，必然会带有一定的民族特性，如法国人的浪漫、德国人的严谨和理性、日本人的灵巧和精致等，这些具有民族特色的文化观念往往会自然地表露在包装设计的作品中。从现代包装设计发展的整体格局来看，整个世界都出现了文化回归的现象，在此之中，传统民族文化元素正是文化回归不可缺少的重要支撑。随着人们生活习惯的改变和商品市场的国际化，旧的包装形式已经不能满足当前人们的消费需求。因此包装设计师在进行包装设计时，既要充分开拓创新，又要

体现出传统文化的特色，使其能与现代艺术进行很好的融合和衔接。

中华民族有着悠久的历史，在长期发展过程中形成了自己的文化传统和艺术特色，在包装设计中主要体现在以下几个方面。

### 1. 自然材质的运用

中国传统文化中强调"道法自然"，尊崇人与自然的和谐统一。在现代包装材质的选择上，可以挖掘天然材料的独特品质。例如，随处可见的草编篮，以樱桃树叶、竹子作为的包装，以及以丝绸、麻绳捆扎的包装等。绳线可编制出各种具有寓意和象征性的绳结来丰富包装的形象；竹子的坚韧可对包装物品起到很好的保护作用，既能丰富包装的材料，也能给人以浓郁的传统与自然气息。

### 2. 民族色彩心理的运用

色彩是最直接的视觉语言，一件物品最先给人留下深刻印象的因素就是色彩。我国的民族色彩心理，经过长期的不断发展和变迁，形成了极具特色的完整体系。理论上，讲究感性概括，即所谓随类赋色、理性感悟，"意象追求"的相统一。观念上，重视色彩的性质、功能、作用和关系。表现手法上，追求单纯、明快、和谐，而不是立体明暗的冲突。艺术效果上，要求艳而不俗、重而不滞、淡而不薄、深而不脏，在适时适度中寻求圆满的艺术效果。

在民族风格的包装设计上多运用象征性的色彩表现手法，例如，中国人传统的婚礼常常是"大红灯笼高高挂""大红喜字贴墙上""红衣红袄红盖头"，充满了喜悦、欢快、热烈的气氛。因此，喜庆礼品的包装也多采用红色，设计时有着强烈的华丽感。此外，民间流传的色彩，黄、绿、金等，在传统文化中也象征着吉利喜庆。又如，"竹叶青"酒包装设计中采用竹子的墨绿色为主色调，体现了"竹叶青"酒的千年传承和自然雅致。

### 3. 传统书法绘画艺术及印章的运用

在具有中华民族风格的包装设计中，可运用的传统元素非常多，有闻名于世的彩陶、黑陶、青铜器、帛图；以毛笔、宣纸为工具的中国画、书法；以故宫为代表的建筑艺术；以年画、剪纸、蜡染为代表的民间美术等，其依历史不同、区域不同而又各具特色，这就需要包装设计师认真地加以搜集、发掘、研究和整理。在现代包装设计中，中国传统文化中的书法、绘画和印章等是包装设计师最常用的设计元素。

1）书法

书法是我国传统文化的重要组成部分，其历史悠久、特色鲜明，有着强大的生命力。我国的传统书法艺术应用在包装上，可表现出强烈的民族气质。当它与图形、色彩相配合出现在包装上时，所起的作用更多是传递商品的文字信息；而当它作为背景图形或装饰图案出现时，所起的作用则更多的是体现书法艺术中的形式美。对于外销商品的包装来说，它不仅可以提高包装装潢的格调，显示中华民族的特色，而且还能提高中国商品在国际市场上的信誉和地位。由于中国书法艺术具有较高的装饰性和艺术性，因此结合不同的产品内容，恰当地应用到现代包装设计上，成为当代包装设计的一种流行风格。

图1-22为苏轼的《寒食帖》，图1-23为张旭的《肚痛帖》。

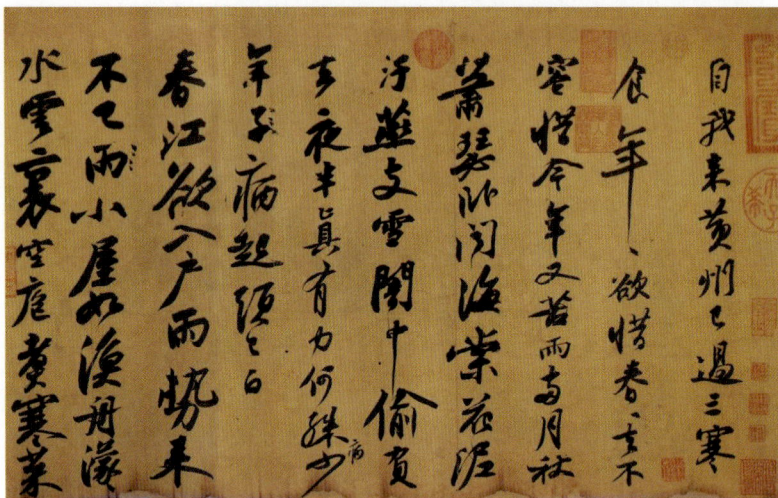

图1-22　苏轼的《寒食帖》

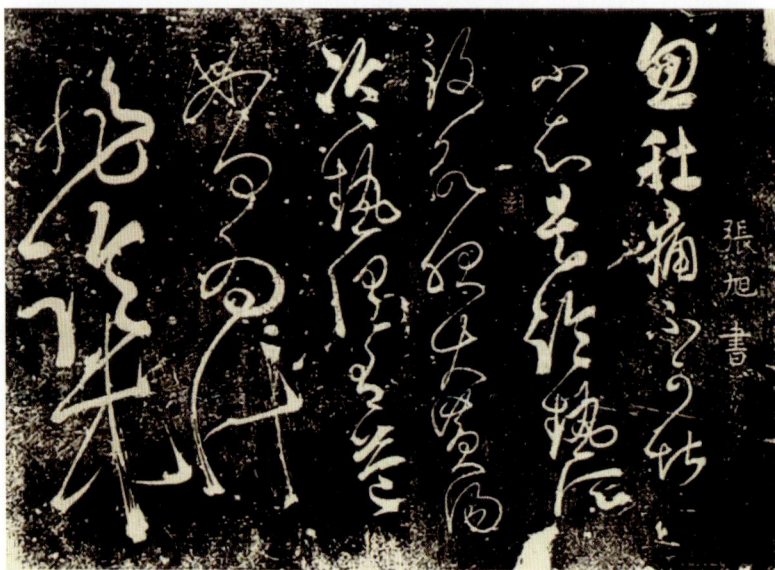

图1-23　张旭的《肚痛帖》

2）绘画

中国传统绘画的题材风格多样，有工笔画、写意画，也有丰富的民间绘画艺术，如壁画、木版年画等，不同风格的绘画表现出雅致、庄重、华丽、朴素等不同的特点。同时，中国传统绘画注重通过线条来表现物象的结构，其线条概括、笔法生动，具有强烈的装饰美。将中国传统绘画协调地应用于包装上，能够让包装设计作品呈现出浓烈的东方艺术装饰美与鲜明的民族风格。图1-24为绵竹木版年画，图1-25为倪瓒的《竹枝图》，图1-26为敦煌壁画。

图1-24　绵竹木版年画

图1-25　倪瓒的《竹枝图》

图1-26　敦煌壁画

3）印章

印章在古代多以篆字刻成，故而又称篆刻。利用印章艺术来表达产品牌名或其他附加文字，不但可辅助装潢画面来说明特定的内容，还可以增加包装的形式美，成为画面上一个组成部分。特别是将它应用到一些传统产品、工艺品和土特产品等包装上时，可以获得十分理想的艺术效果（图1-27）。

### 4. 民族图案、古文及传统符号的运用

在包装设计上使用民族图案、古文及传统符号，同样可以强化产品的民族性和地域性，给消费者以某种新奇感和民族亲切感，从而使产品及其包装更具有吸引力。例如，采用龙凤、松鹤、麒麟等

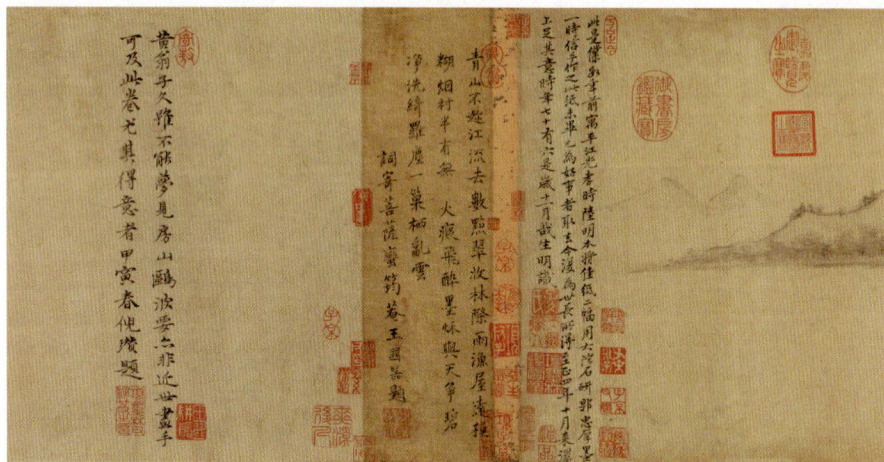

图1-27　书画作品上的印章

题材，寓意"龙凤呈祥""松鹤连年"等美好意愿。民间美术中的剪纸、蜡染、织染、脸谱图形更是被广泛应用于包装设计中。一些传统图案纹样，如彩陶纹、黑陶纹、青铜纹，帛图、漆器、丝绸和画像砖上面的纹样都极具民族风格。

古文，是指古代创作的诗、词、歌、赋等，将其作为装饰文字运用于酒、药材、文房四宝和传统工艺品等包装设计中，不仅升华了产

品的文化内涵，还可以引人入胜。

此外，传统的器物、标志等，作为一种独特而强烈的符号系统是民族长期生存的精神积累与社会文化的产物，如传统的印鉴、古币、标记、店幌、酒幌、茶幌等，给人以简洁、明朗的视觉信息，现在仍广泛用于各种包装设计中。

通过提炼这些传统艺术中的典型元素，按照形式美的法则，合理地运用到现代包装设计中，可设计出具有鲜明的中国文化风格的包装形象。越具民族文化特点的包装设计，就越有世界性；越有艺术性的包装设计，也越能赢得消费者的青睐。图1-28为剪纸图案，图1-29为中国戏曲脸谱。

图1-28　剪纸图案

图1-29　中国戏曲脸谱

# 模块2

## 包装设计市场调研与创意构思

通过学习包装设计策划的内容与方法，了解包装设计市场调研的主要形式和方法，掌握包装设计的需求分析、包装设计的定位和包装设计的创意构思。了解包装的品牌策略和绿色包装设计。

### 知识目标

1. 了解如何对包装设计需求进行分析；
2. 了解现代包装设计市场调查的内容与形式；
3. 了解包装设计的定位；
4. 了解包装设计品牌策略的重要性；
5. 了解包装设计的形式特点和创意构思的方法。

### 技能目标

1. 掌握包装设计市场调查的常用方法；
2. 掌握常见包装设计定位的方法；
3. 能运用常用的包装设计创意构思方法完成包装设计的创意。

### 素质目标

1. 培养学生获取各种信息的能力；
2. 培养学生良好的自主学习习惯；
3. 培养学生与人沟通的能力和团队协作的意识；
4. 培养学生善于发现生活中美好事物的能力。

### 学习内容与训练项目

1. 包装设计的市场调查；
2. 包装设计的需求分析；
3. 包装设计的定位；
4. 包装设计的形式与创意构思；
5. 包装设计与品牌策略。

所谓包装设计策划，就是对企业的产品进行包装设计、开发与改进前，需根据企业产品的特色，结合市场与人们的消费需求，对产品的市场目标、包装方式与设计方向、表现形式等进行整体的规划。包装设计策划的整体过程主要包括包装设计的市场调研与需求分析、包装设计的定位、包装设计的创意与构思三个环节。

## 2.1　包装设计的市场调研与需求分析

### 2.1.1　包装设计市场调研的目的

包装设计的市场调研与需求分析

包装设计市场调研是包装设计实施的重要前提，在对产品进行包装设计之前，应对产品的背景进行调研，掌握准确的产品背景信息才能正式进行包装设计。我们只有掌握了产品的具体信息、营销规划和消费者需求等，才能理解其品牌的涵义、产品特点，明确包装设计定位，针对不同的产品背景做出正确的包装设计规划。

在现代包装设计行业中，没有进行过市场调研的包装设计是不可想象的。因为，现代工业的生产和商品市场的特点决定了市场的同质化、同理化越来越突出，如何让所设计的产品包装在同行业、同类型产品中脱颖而出而又不失行业特征，是每个包装设计师都应该具备的职业基本素养。全面的、必要的市场调研可使包装设计师了解市场、竞争对手、自身优势、市场行情、营销模式和消费行为等。包装设计师必须对上述内容进行详细的专业调研，然后分析、总结，形成市场调研报告，在后期进行包装设计时才具有科学依据。

### 2.1.2　包装设计市场调研的对象与内容

包装设计的市场调研包括对消费者、销售地点、消费层次及预想与实际之间差异性的调研。其中，消费者的调研包括年龄、性别、职业、种族、国籍、宗教、收入、教育、居所、购买力、社会地位、家庭结构、消费习惯、品牌忠实度等，可按需要确定相应的调研内容。销售地点的调研包括售卖场地、面积、商品的展示方式等。销售地点从大范围上可划分为国外、国内、城市、乡村等，从小范围上可划分为批发、零售、超市、普通商场等，在数字经济时代的今天，还应包括线上销售和线下销售。

调研中，包装设计师应充分掌握产品及其品牌的相关信息，如品牌标志和名称、产品特点、造型、材料、色彩，及同行业竞争品牌的商品和包装情况等，主要内容包括以下几个方面。

（1）产品生产企业形象的基本要素（标志、标准字体、标准色等）。

（2）产品的品名（相关图形、标准字体）。

（3）产品的外观造型。

（4）产品的色彩。

（5）产品所用的材料及其特性。

（6）产品的生产工艺及加工精度。

（7）产品的用途及使用方法。

（8）产品档次定位。

（9）产品竞争对手的情况和竞争措施等。

1948年，美国政治学家哈罗德·拉斯韦尔提出了"五W"传播模式，即谁（who），说什么（what），通过什么渠道（in which channel），对谁说（to whom），具有什么效果（with what effect）。在进行包装设计的市场调研时可以依据此原理确定调研的方向。"谁"，是指自身，即商品、生产或销售企业；"说什么"，是指传播的内容，即包装设计传达的信息内容；"通过什么渠道"，是指传播的媒介，即销售地点；"对谁说"，是指传播的对象或受众，即商品的消费者、使用者；"具有什么效果"，是指传播对社会和个人的影响，即包装在商品流通、销售和消费者使用过程中的效果。在这个过程中，五个要素互为联系、互相影响。

### 2.1.3　包装设计市场调研的方法

在开展包装设计市场调研时，对于产品和品牌的相关信息可以与企业，也就是设计委托方（客户）通过反复深入地沟通获得，其他信息则需要通过一定渠道和方法获得，必要时还可委托专业的市场调研机构进行调研。根据市场调研范围的不同，市场调研的形式可分为普通调研、抽样调研和典型调研三种。普通调研，即对整个市场进行全方位调研，调研量大、面积广、费用高、周期长、难度大，但调研结果最全面、真实、可靠；抽样调研，即从市场中选择一定比例的样本进行调研，调研成本较普通调研低，周期较短，这也是常见的市场调研形式；典型调研，即仅从市场中挑选一些典型个例进行调研，如仅调研一两家竞争对手等。

具体的包装设计市场调研方法主要有问卷法、访谈法、观察法。

#### 1.　问卷法

问卷法是指根据包装设计需要，设计相应主题的调研问卷，在目标消费群体中发放并回收，以获取信息，可采取线下问卷调研和线上问卷调研两种形式。随着大数据和信息技术的发展，线上问卷调研以投放的精准性、快速反馈、成本低廉等优势，成为问卷调研的主要方法。

### 2. 访谈法

访谈法是指直接面对目标消费者，通过访谈的方式直接获取调研信息，包括线下访谈、线上访谈和电话访谈等。

### 3. 观察法

观察法是指在销售现场，直接观察消费者的消费行为和消费习惯。

在进行包装设计市场调研时，可根据实际需要选择适当的方法进行调研，收集包装设计所需要的信息。

表2-1为消费者对休闲食品的消费习惯的调研问卷。

**表2-1　消费者对休闲食品的消费习惯的调研问卷**

感谢您能抽出几分钟时间参加本次答题，现在我们就马上开始吧！

1. 您是否喜欢吃休闲食品？（　　）

A. 喜欢　　　　　B. 一般　　　　　C. 不喜欢

2. 您平时经常吃哪类休闲食品？（　　）

A. 糖果类　　　　B. 肉脯类　　　　C. 蜜饯、干果类　D. 糕点类　　　　E. 其他

3. 您购买休闲食品的渠道是什么？（　　）

A. 街边卖场　　　B. 大型超市　　　C. 网络　　　　　D. 其他

4. 您购买休闲食品的频率是多少？（　　）

A. 从不　　　　　B. 偶尔　　　　　C. 经常　　　　　D. 每天

5. 您每月在休闲食品上的花费是多少？（　　）

A. 0～10元　　　B. 10～20元　　　C. 20～30元　　　D. 30～40元　　　E. 40元以上

6. 什么类型的促销方式最能吸引您购买休闲食品？（　　）

A. 广告　　　　　B. 免费试吃　　　C. 别人介绍　　　D. 买一送一　　　E. 其他

7. 您觉得吃休闲食品对身体健康有影响吗？（　　）

A. 完全没有　　　B. 有，会发胖　　C. 有，吃一点没事　D. 其他

8. 哪些因素能吸引您购买新上市的休闲食品？（多选）（　　）

A. 广告宣传　　　B. 外观包装　　　C. 配送便捷　　　D. 口味风格　　　E. 低能量　　　F. 价格合理

9. 您购买休闲食品时会倾向于什么包装？（　　）

A. 散装　　　　　B. 普通袋装　　　C. 精美礼品包装　D. 批发装

10. 您认为目前市场上销售的休闲食品存在哪些问题？（　　）

A. 卫生条件不合格　　　　　　　B. 食品添加剂过多　　　　　　　C. 口味单一

11. 您为什么品尝休闲食品？（　　）

A. 爱好　　　　　B. 习惯　　　　　C. 舒缓情绪　　　D. 其他

12. 您食用带骨食物时更多选择哪种方式？（　　）

A. 筷子　　　　　B. 手套　　　　　C. 徒手

13. 您更喜欢哪种包装材料的休闲食品？（　　）

A. 纸袋　　　　　B. 塑料袋　　　　C. 玻璃容器　　　D. 金属容器　　　E. 竹木盒　　　F. 其他

14. 您在食用休闲食品时一般是在怎样的环境？（　　　）

A. 朋友聚会　　　B. 家庭休闲　　　C. 追剧　　　　　D. 私人闲暇时光

15. 您更喜欢下列哪种人物形象的休闲食品包装？（　　　）

|     |     |     |     |
| --- | --- | --- | --- |
| A | B | C | D |

### 2.1.4　包装设计市场调研的总结与分析

　　市场调研完成后，还应针对产品包装设计所涉及的信息进行筛选、总结与分析。首先要挖掘产品的卖点，预估产品的生命周期，思考如何树立该产品的形象。对目标消费者可能出现的购买目的、消费预期和消费状态也要有所考量。产品上市后主要的卖场环境、货物的摆放方式，竞争品牌的价格、形象、产品特色等也应有所掌握，并应与包装设计委托方进行充分地沟通和交流，这是保证包装设计项目顺利实施的必要条件。最后，应根据包装设计委托方的需求，写出调研报告，对调研内容进行客观的整理、归纳，提出包装设计中所要解决的问题和解决方法，确立准确的设计定位，为下一步的创意设计做准备。

## 2.2　包装设计的定位

　　包装设计定位，顾名思义就是确定产品在市场上的位置。设计定位是包装设计的基础，是解决设计构思的前提，它强调的是要站在企业销售的角度考虑包装设计，把准确的产品信息传递给消费者，给他们一种与众不同的独特印象。同时还应站在消费者的角度，满足消费者对包装的使用需求、心理需求，包括体验感受等，以激发消费者的购买欲望。定位的准确性直接影响着包装设计的成功和产品的销售。

包装设计的定位

　　包装设计的定位主要包括品牌定位、产品定位、消费者定位三个方面。

## 2.2.1　品牌定位

品牌定位又称商标定位、生产商定位。品牌定位着力于产品品牌信息、品牌形象的表现。商标、品牌是产品质量的保证，对于新产品和人们熟知产品的包装设计，品牌定位的准确与否都是极为重要的。

品牌定位的含义是向消费者表明"我是谁""我代表什么企业"。商标（品牌）一经注册，就受到法律的保护。

企业销售的产品往往与其品牌紧密相连，顾客一旦认可了企业的产品，实际上也就确认了产品的品牌。例如，消费者提到麦当劳、肯德基，就会联想起美味的快餐，这就是品牌定位成功的例子。品牌定位包括目标消费者定位、界定品牌使用范围定位、利用名人代言品牌定位、现场实物品牌定位等多种方式。

## 2.2.2　产品定位

产品定位着力于以产品产地、特点、用途、使用时间等信息进行设计定位。一般通过摄影、手绘等表现手法，在包装的主要展示面展示产品的信息和形象，使购买者能够迅速识别产品的类别、性质、特点、用途和档次等。

### 1. 产品的产地定位

某些产品由于原材料的产地不同，形成了品质上的差异，因而突出产地就可以突出其品质。例如，在很多奶制品的包装上，以产地优美的自然风景图片来暗示产品来自清新的自然环境，这样的设计使消费者间接了解到产品的产地和生产条件，体现该产品的原生态和自然环保，使消费者对产品产生信任感。

此外，带有强烈的民族风格的包装设计也可以有效强化产品的产地标志，使消费者一看便知道该产品来自哪个同家或地区。例如，在中国的土特产品包装设计中，常常使用汉字书法，具有很强的民族特色，体现出浓郁的地域特点。

### 2. 产品的特点定位

产品没有特色就难以吸引消费者的注意，因此在进行包装设计时应与同类产品相区分，挖掘并突出其特点，使产品对目标消费者产生直接、有效的吸引力。例如，很多辣味食品的包装，通过色彩、字体和图形明确突出其辣的口味,不同的洗发水包装也会突出其去屑、清爽、焗油的不同功能等。通过准确的产品特点定位,在包装设计中突出其特色,提高产品辨识度,可以吸引目标消费者产生购买欲望。

### 3. 产品的用途定位

由于消费者之间存在个体需求的差异,这就要求同产品应具有多种用途的特点。例如,一些饼干、方便面生产企业,针对不同用途需要的消费者开发了桶装、袋装等产品,从而扩大了产品的销售渠道。

### 4. 产品的使用时间定位

产品包装若能够传达给消费者特定的时间感,则能有效诱导消费者在特定的时间使用产品。例如,可以根据鲜奶食用的不同时间,以不同容量规格将鲜奶做区分包装。家庭早餐用鲜奶,食用量较大,可选用容量规格较大的包装,学生课间加餐用鲜奶,可选用容量规格较小的包装,同时也可以通过不同的装潢表现手法使消费者对产品的特点能一目了然。再如,还有一些在特定时间消费的产品,如中秋月饼、端午节粽子等。

## 2.2.3 消费者定位

准确的消费者定位能够使生产者明确该产品是为谁生产、卖给谁等。通过包装视觉形象,将"这件产品是专门为自己而设计"的信息传递给消费者,是企业销售战略中的重要手段。

(1)消费者形象定位。在包装装潢设计中通过写实的、具象的手法直接将消费者形象表现出来,是最常见的设计手法。例如,婴幼儿食品通常可选择活泼可爱的卡通形象设计在包装上,以吸引消费者前来购买。

(2)消费者心理定位。在包装的造型、装潢和使用功能的设计中,应充分考虑不同年龄、性别、职业、阶层消费者的心理状况、生活方式、情趣爱好等因素,有针对性地进行包装设计,从而使消费者产生心理认同感,刺激消费者的购买欲望。

品牌定位、产品定位、消费者定位这三个基本要素,在包装的设计中应综合加以运用,使其相辅相成。每一个包装设计需突出定位的重点,切忌面面俱到,过多的内容和繁杂的信息反而会冲淡消费者对产品的印象。例如,若产品品牌知名度较高,可以品牌定位为主；若产品特点鲜明而有优势，可以产品定位为主；若产品的消费对象很明确，可以消费者定位为主。

## 2.3　包装设计的创意与构思

好的包装设计，最能打动消费者的是它的内涵；创意是设计的灵魂，设计是一种创造性思维即创意的表达方式。即使包装设计的画面很精美，如果内容空洞也会使消费者觉得索然无味。因此设计师需要根据前期确定的设计定位，通过合理的设计构思、元素构成、色彩搭配、元素组合来表达自己的创新性思想，实现视觉传达的统一，从而实现包装设计的既定目标。好的创意设计充满灵性与美感，能够表达设计师的所思所想，能够让消费者和他一起喜怒哀乐。要让设计成为一种力量，必须赋予设计以独特的思想和深刻的理念，即赋予一个好的"创意构思"。包装设计的成败取决于设计构思与形式表现两个方面，设计构思决定了包装设计的方向和深度，包装形式则是设计构思的具体视觉化体现。

### 2.3.1　包装设计的创意方法

包装的设计环节包含了包装装潢设计和包装造型设计两大部分，这两部分在设计的基本程序上有一定的共性，但是两者在具体的设计方法上有着不同的要求，前者侧重于产品信息与视觉美的传达，后者主要解决容器的造型、使用等物质性功能，因此，包装的创意构思应该围绕这两方面进行。激发创意者构思的灵感主要有以下几种常用的方法。

包装设计的
创意方法

#### 1.　构思激荡法

构思激荡法即围绕命题开展多维思维活动，在大量的构思中，集中筛选出最佳构思。例如，针对包装盒的外观应该怎样加以装饰，一开始你可能头脑中一片空白，这时要通过市场调研，查阅大量资料，边整理头绪边动手画草稿，通过绘制大量的草稿，把自己的思维过程和创意点记录下来，以便后续选用。

#### 2.　定位设计法

这种方法首先要明确包装设计的定位、表现形式的定位等。解决定位问题，其核心内容有三点，即谁家的产品、什么样的产品、产品卖给谁。包装设计定位可以从商标、字体、色彩、档次、科技含量及在消费者心中的地位等方面加以考虑。

### 3. 创造思维法

（1）发散思维（又称扩散思维、辐射思维），其以某一事物（已知的）为出发点，通过联想、类比、分析、想象等活动，诱发出新的事物。

例如，从"复合"这一概念出发，可产生功能复合、技术复合、材料复合、色彩复合等。又如，围绕自然化、仿真化、个性化、流行化等观念，也可从不同方面（如概念、原料、技术等）进行发散思维，以开发新型包装。

（2）收敛思维（又称指令思维、求同思维、集中思维），其从不同角度、不同手段、不同方面向一个中心问题集中，最后寻找突破，即一切思维指向一个答案。

（3）侧向思维，是用局外信息来解决本领域的问题，即触类旁通。例如，运用建筑造型来设计包装造型，运用鲜花的色彩来设计包装色彩等。

（4）反向思维（又称逆向思维）。在不违反包装设计基本规律的情况下，反向思维往往可以获得意想不到的效果。任何事物都有其另外一面，如色彩的冷暖与深浅，风格的新潮与仿真、朴素与华丽、典雅与粗犷，造型的简练与复杂、平衡与不平衡，对称与不对称，等等。例如，在众多艳丽的包装群体中，设计者若用素描的手法，以黑色为基调实现自己的产品包装设计，在超市的货架上可起到吸引顾客眼球的效果。

（5）立体思维。事物本来就是多维的，在进行包装设计时可从多方面对事物进行考察、分析，做出综合性的构思。一个包装设计必须考虑保护产品、方便展销、较好的视觉冲击力、方便携带等要素。在考虑事物多维度关系的过程中，还要注意其相生相克的关系，注意运用综合、优化等逻辑方法，抓住关键因素，全面统筹思维。

（6）多路思维（又称同时思维）。例如，设计公司接到一个包装设计项目，可同时分发给几个设计人员共同展开创意思考，形成多种设计方案。又如，要提高产品销售包装的视觉冲击力，可采用改变色彩、图案、造型等不同方法；在传达产品信息方面也可采用写实、概括、抽象等不同手法。

（7）灵感思维。灵感是指偶然爆发的一种非预期的创思，它是创造性思维能力、创造性想象能力和记忆能力的巧妙融合。灵感的出现似乎是无意识的，有突发性、偶然性、瞬时性等特点，但它的产生与创意者丰富的经验和知识、经常性的逻辑思维、解决问题的强烈欲望和勤于思考等有着密切的关系。

　　无论采用上述何种思维方法，其重点都应放在如何创造出优于同类产品的特色上。例如，要加强货架效应的冲击力，要根据消费者的消费心理及习俗确定设计角度，儿童、老年人的食品可注重产品成分、用法的表达等，而家用电器常常需突出其使用方法和功能等。

　　在进行包装设计创意构思的时候，一个好的想法和思路经常是一闪而过、转瞬即逝，这就需要包装设计师随时记录下来，即随时画草图。很多设计者往往会忽略草图的重要性，殊不知这是在包装创意萌芽时期最快速、最灵动的记录。大量的草图，不但能记录最初的创意灵感，而且在不断的思考和草图的描绘中还能激发新的灵感，使设计者能够开阔思维、随意遨游，最终形成最优的包装设计方案。图 2-1～图 2-5 为四川工商职业技术学院学生包装设计过程中的一些包装插画草图。

　　设计需要"灵感"，而"灵感"的产生既来自大脑的思考，也来自知识的不断学习和积累，积累的知识越多，包装设计过程中闪现的灵感越多。因此，成功的设计思维取决于设计师在生活和工作中各个方面的学习，古人说"功夫在诗外"，这也同样适合包装设计。

图 2-1　"越南会安古镇"鲜花饼包装设计草图
（设计：欧阳文静　指导教师：李玥）

图2-2 "青城山"茶包装设计草图
（设计：刘阳春 指导教师：唐宏）

图2-3 "共享川味"火锅底料包装设计草图
（设计：吴秀菊 指导教师：唐宏）

图 2-4 "彭山田野" 礼品包装插画草图
（设计：魏黎　指导教师：李玥）

图 2-5 "越南会安古镇" 鲜花饼包装设计草图
（设计：李海清　指导教师：刘静瑜）

### 2.3.2　包装形式的创意与构思

好的包装创意构思还需要好的设计形式来表现，包装的包裹形式、材质美感、装潢布局、陈列方式等都是包装形式设计的内容。包装形式的创意构思就是对包装设计的表现形式进行整体性的设计规划。

例如，茶叶的礼品包装，在包裹形式上可以先设计一个一级包装直接盛放茶叶，二级包装可以用一个小盒子包裹多个一级包装，三级包装可以以一个更精美的外盒包裹多个二级包装。设计中还应考虑各级包装的开启方式和使用形式等。在材质美感上，设计时应考虑一级包装是用纸袋、塑料袋，还是金属小罐等；二级包装是用纸盒、金属盒，还是布面材质；三级包装除了要考虑材质形式外，还要考虑多种材质的结合，并应考虑吊牌等包装附属物件的形式。在包装装潢的布局上，应考虑各级包装在装潢上的主次关系。一般，产品最外部的销售包装装潢最为精美，往内逐级简洁，使整个包装整体统一、主次分明。同时还应考虑各级包装上各装潢图案、产品信息的位置、字体大小，是直接印刷还是贴纸粘贴等。在包装陈列方式上，应根据产品销售的情况和特点，考虑产品在货架、商场的陈列和展示形式等，以促进产品销售。

在进行包装装潢的创意构思时，虽然包装设计是基于平面设计的基本原理和方法，但包装本身是三维立体的，因此在进行产品包装设计时，要结合产品的特点、包装的特殊形式和内容要求等具体问题、具体分析，力求包装设计形式与内容的完美统一。包装的形式还必须考虑产品的行业特性，用创新的包装设计使产品在市场独树一帜，以归避市场上现有的包装形式存在的弊端。

在具体的包装设计实践中，不同产品的包装形式应根据不同的产品特点、品牌内涵和营销策略等，在市场调研与需求分析的基础上明确包装设计的定位，通过反复深入的创意与构思，设计出符合市场与企业需求的产品包装。下面以"都江崖蜜"包装设计（图2-6）和"青花瓷"白酒系列包装设计（图2-7）分析讲解包装设计市场调研、需求分析、设计定位和创意构思的过程。

#### 1. "都江崖蜜"包装设计

1）蜂蜜包装的市场调研与需求分析

四川省都江堰市是著名的国际旅游名城，气候宜人、山清水秀，吸引了大量国内外游客。某企业打造了"都江三宝"都江堰地方特

图2-6　"都江崖蜜"包装设计
（设计：唐宏）

图2-7　"浏阳河青花瓷"白酒系列包装设计
（设计：唐宏）

色产品。"都江崖蜜"是"都江三宝"系列产品之一，产于都江堰市周边风景宜人之地，产品绿色、环保、天然。针对这一产品特色和市场需求需设计一款具有时代气息的包装，同时根据旅游产品销售特点与销售策略，需将包装成本控制在较经济的范围内。

包装设计师采用了市场普查法，对四川省市场上主流蜂蜜产品做了较全面的信息搜集，对竞争企业产品的包装形式和视觉风格也做了一个全面的分析，从中梳理出该产品包装设计的切入点。

2）"都江崖蜜"包装设计的定位

都江堰是一个5A级国际旅游城市，包装设计师在市场调研的基础上，将产品包装设计定位为国际化，包装整体风格简洁、明了，并突出"都江崖蜜"自然环保、健康安全的产品形象。

3）"都江崖蜜"包装设计的创意与构思

"都江崖蜜"的包装设计充分考虑了企业的生产成本和既定的销售策略，不追求包装形式的繁复，将设计重点放在瓶贴、外盒等的装潢上。包装设计师在市场调研的基础上，通过与企业反复沟通，决定采用装饰插画的形式突出产品的时尚感、国际风，展现"崖蜜"自然环保的生长环境。主要插画视觉元素采用了山崖及山崖上的野生植物的生长状态，产品名称的字体则采用了具有国际风格的综艺变体。

### 2. "青花瓷"白酒系列包装设计

1）白酒包装的市场调研与需求分析

"浏阳河"是湖南省知名的白酒品牌，其中"青花瓷"系列在"浏阳河"品牌中占有极其重要的地位，但原"青花瓷"系列品牌开发于20世纪90年代，随着时代发展和产品消费的升级，原有的产品包装已经不能满足当今消费者的审美需求，迫切需要更新换代。"青花瓷"白酒系列产品包括两款普通装、一款礼品装，整体风格需突出雅致、中国风和高品质。包装设计师采用了抽样调研法，对市场上部分高端白酒产品做了抽样调研，并对竞争企业和其产品的包装形式，尤其是外部视觉风格信息做了整理和分析。

2）"青花瓷"白酒系列包装的设计定位

包装设计师在市场调研的基础上，通过与企业的深入交流沟通，将"青花瓷"白酒系列分为三套产品，分别命名为"明雅""元韵""盛世青花"，其中"明雅""元韵"为普通装，"盛世青花"为礼品装。

3）"青花瓷"白酒系列包装的设计与创意

针对企业销售策略和成本的考量，在包装容器上仍然沿用以前的容器造型，设计重点主要集中在容器的外观装潢和外盒造型上。

在创意构思上，包装设计师通过对元、明两代的陶瓷青花图案的梳理，采用融合与变形，并用宋体、楷书、隶书等中国传统字体，以展现产品的古风雅趣。

## 2.4 包装设计策划能力的拓展

### 2.4.1 包装设计与品牌策略

#### 1. 品牌的概念

"品牌"是当今营销领域及设计领域使用最多的一个词，全球企业界已从单一的产品营销发展到品牌营销这一高级阶段，创立品牌便成为所有谋求长远发展企业的共同追求。品牌的价值也正如美国《财富》杂志所指出的："品牌代表一切。""品牌"一词来源于古挪威文字"brandr"，意

包装设计与
品牌策略

思是"烧灼"。早期的人们利用这种方法来标记他们的家畜，慢慢又发展到标记手工产品。真正意义上的品牌化起源于欧洲中世纪。就全球范围来说，大规模的商品品牌化始于19世纪中叶。

何谓"品牌"？《营销术语词典》给它的定义是："品牌是指用以识别一个（或一群）卖主的商品或劳务的名称、术语、记号、象征或设计及其组合，并用以区分一个（或一群）卖主和竞争者"。既然是组合体，这种组合必须是强大的，具有生动性、丰富性及复杂性的多样统一。从实践上看，品牌应该是一个营销学上的概念，这种概念是消费者长期使用该产品和服务而获得的，它的内涵应该极其深远和广泛。我们一旦接触某种品牌，自然而然就会产生系列的联想，如它的标志、应用文字、色彩、产品形象、包装、广告，甚至服务等，品牌内容的丰富性已深深表明：它所代表的产品不是普通的产品，它提升了产品在消费者心中的无形价值。正因如此，品牌是一种有效的营销沟通工具，它是建立在产品与消费者心中的桥梁。

### 2. 品牌与包装的关系

品牌往往影响着消费者的购买决定，所以，品牌的成功创立关系着产品的销售成败。在科技迅猛发展的今天，要提高产品质量已不是不可攻克的难题，产品的科技含量早已缩短了同类产品之间的质量差距，而产品的外部包装形式却越发凸显其重要性。因此，企业创立品牌的战略离不开产品的包装设计。消费者不可能直接与企业本体接触，市场上的产品才是消费者直接接触的东西，而欲购产品首先要审视包装，由此可见，包装可直接代表产品的形象，同时又是品牌形象的具体化、标志化。包装设计关系到品牌形象的直接传播与推广，这种关键作用，M.莱文斯（莱文斯摩波利伦敦咨询公司的创立者）在20世纪90年代指出："包装是品牌核心资产的物质化身，包装具有品牌所有的要素，它是品牌的本体"。

### 3. 包装设计的品牌策略

人们对外界信息的感受80%来自视觉的接收。心理学家告诉我们："视觉信息在大脑皮质中记忆的牢固度和回忆度最强"。若要赋予产品强烈的具有代表性的品牌识别形象，包装设计的重点应该是包装的视觉设计。包装的视觉设计是指对包装上的图形、色彩、商标及文字的设计，包装设计师不仅要考虑这些元素各自对品牌的影响，更要考虑所有元素的综合构成与整体品牌设计的协调统一。一切包装设计都将成为一种品牌价值的代表，包装视觉设计应该能积极地、主动地传播这一价值，而不应只顾外在形式的美，忽视与品牌形象的内在联系。为使包装视觉设计更利于品牌的创立，可依据以下方法加以实现。

1）树立统一形象

利用企业形象视觉设计系统建立一个统一形象，即将商标、品牌形象和企业形象统一化，通过应用企业标准色、标准文字，以及其他共同特征来消除信息的互异性。以同一品牌的统一形象来区别其他不同的品牌，有利于消费者对品牌和企业形象产生认同感，从而得以在众多的竞争产品中突显出自身产品的个性。

例如，可口可乐公司通过有效的广告和促销，同时注重包装视觉设计相应的表达，不断强化其品牌形象。既使Coca-Cola译为其他文字时，可口可乐公司也尽力保持着品牌形象在视觉上的一致性。瓶装可乐饮料包装上有一特别处，当可口可乐公司引进了罐形包装后，却在包装上画上原有的瓶状图案，这种看似多余的设计，正是可口可乐公司为保持品牌形象与包装视觉上的一致性所采取的必要策略。

树立视觉系统的统一形象，对传播企业主导性品牌形象极为有利，避免了由于品牌过多而造成消费者认知上的误区。统一形象设计可将企业各种不同类型的产品组织起来，以一种风格、一种形象扩大企业的知名度，从而带动所有产品的销售，形成视觉上的统一，以点带面，最终产生良好的经济效益。

2）强化品牌个性

每一个成功的产品包装都极度依赖具有创意的整体视觉设计，而精确掌握"行销策略"又是创意来源的重要依据。包装视觉设计应是对企业气质和品牌个性的塑造，也应是视觉效应和心理效应的相互统一。经由对产品的定位、消费阶层、销售价格、市场行销策略等详细的通盘分析，才能呈现出高水准的创意设计效果。一个成功的产品包装设计不仅包括图文并茂的包装外观，更要借机打造一个令消费者印象深刻的品牌形象。包装设计如不体现出品牌的个性，就无法在琳琅满目的产品中彰显自己的独特魅力。摄影、绘画、字体、色彩等各种视觉传达手段的运用，以及独具匠心的编排形式，都是强化品牌个性的有利武器。

在食品类产品中，巧克力的品牌不胜枚举，若要在众多品牌中脱颖而出，成功的包装无疑起着巨大的作用。这种成功不仅指包装的美观性，更应包括包装对品牌个性的强化度。如世界知名的"八点之后"巧克力，其魅力不仅是口味独特，包装设计也别具一格，整体色彩沉稳，图案古典，尤其是指针偏向八点之后的时钟圈形，在含义上与品牌名称遥相呼应。另一巧克力品牌同样以其包装的个性化而深受广大消费者的喜爱，它就是奥地利的"莫扎特"巧克力。凝练的红色衬托着音乐家莫扎特的头像，纵然在众多的巧克力品牌中，消费者仍能轻易识别。它的包装造型也与众不同，其中一款为小提琴造型的包装，使消费者在享受美味巧克力的同时，还能感受到音乐艺术的魅力，而这一切设计均是在与企业形象相一致的基础上强化了品牌个性。

3）深化品牌形象

当今社会，随着人们生活水平的提高，人们对产品品质的要求也相对提升，因此包装必须根据产品不同的用途、品质、档次、适用对象进行系列化和配套化的设计，尤其是药品、化妆品、酒类等。在包装设计过程中必须充分体现人们对产品功能的需求心理，从而表现出具体的产品特色。

设计系列产品包装时力求保持产品整体风格的一致性，既可避免与其他同类竞争品牌混淆，也可借以反复强调自我品牌的形象。系列产品在保持延续一致的包装设计风格的同时，可运用色彩的变化达到区分不同类型产品的目的。在包装设计时，除了运用色彩的变化，还可以变换产品图片或商标品名的手段，改变编排以区分不同的产品，但在表现手段和风格上要始终坚持统一的格调，以保持整体品牌的一致性。对于由若干个处在不同层面上的品牌组合而成的家族系列，设计时还要注意体现出各品牌之间的差异性与品牌整体性之间的关系，从而使品牌形象得以进一步深化。

## 4. 影响产品包装品牌策略的因素

（1）消费者。消费者在认知企业品牌包装的过程中，会充分调动自己的感官来接收信息，因而会产生对产品的主观判断。所以，在品牌策划中，必须准确地捕捉消费者在购买产品时的心理需求，以便后续进行产品包装设计时将消费者的内心愿望形象化。

（2）文化习俗。不同国家、地域、种族，有着不同的文化习俗，每种文化习俗都是各地区人民长期选择与积累的结果，他们独特的文化、语言、审美习惯、生活方式都对产品品牌策略的制定有着重要影响。

（3）造型设计。包装造型是消费者对产品产生的第一印象。产品的品牌策略不能脱离产品的实际功能，要充分考虑消费者的心理、生理和文化因素，对包装的整体造型进行综合考虑，力求准确传达产品品牌的丰富内涵。

综上所述，在市场竞争日益激烈的今天，包装已从最初保护产品的单一功能，演化成促销产品及提升企业形象等复合功能，包装设计也由单纯的美化，转变为一种商业设计战略，它贯穿整个产品的开发、生产和销售过程。包装设计已成为塑造良好品牌形象不可或缺的部分，只有充分了解产品的属性，以及所定位的消费者的个性，才能合理运用视觉语言将包装设计与产品品牌创立融为一体。

以"圣纳"藤椒凤爪包装设计为例，在此设计伊始，企业已对产品的市场和终端销售渠道进行了定位，面向的是18～35岁中时尚女性、爱好麻辣、重口味者，选择的销售场所为中高端便利店、食品专卖店、大型超市、四川特产专卖店、电商旗舰店等。在产品包装设计之初，包装设计师在企业产品定位的基础上，又进行了更精准的包装设计定位，并制定了品牌策略方案。其中，方案一（图2-8）以"幺妹儿"这一典型的四川年轻女性形象象征目标消费群体，她或许是个辣妈，或许是个酷炫潮妹，或许是个高知白领，整体设计传达出热爱生活，休闲、时尚、直爽、豁达的品牌内涵。

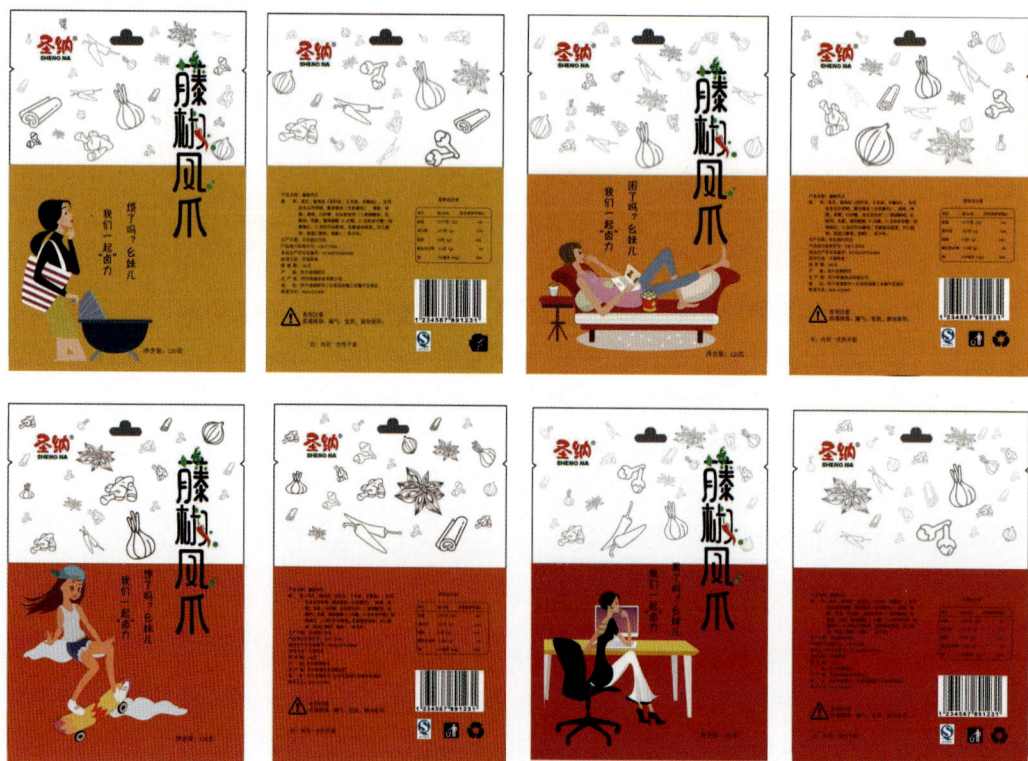

图2-8 "圣纳"藤椒凤爪包装设计方案一
（设计：阎佳、任静萱、李娜、王芬 指导教师：刘静）

方案二（图2-9）营造了一个"凤爪森林"的梦幻世界，小精灵们在凤爪树、藤椒树和辣椒丛中穿梭，森林中的小河里流淌着八角和茴香，整体设计传达出自然、生态、人与环境和谐共融的品牌内涵。

图2-9　"圣纳"藤椒凤爪包装设计方案二
（设计：杨路、邹为、陈科帆、龙平　指导教师：刘静）

方案三（图2-10）通过包装的造型、图案、色彩，直接将精致、美味的卤锅呈现在消费者面前，整体设计营造了一种具有四川地域特色的传统美食形象。

图2-10　"圣纳"藤椒凤爪包装设计方案三
（设计：陈科帆、龙平、杨路、邹为　指导教师：刘静）

## 2.4.2　绿色包装设计

包装对繁荣市场经济起着举足轻重的作用，但是包装的大量制造和使用，却又给社会带来巨大的负面效应。包装工业要消耗大量的资源，废旧的包装还会对环境造成污染。与此同时，大量的"豪华包装""过度包装"大行其道，企业为取悦消费者增加"卖点"，迎合部分消费者片面地对高档化、虚荣化的消费追求，在包装上挖

绿色包装设计

空心思做文章，使产品的包装最终成为炫富的载体，"豪华包装"也成了危害环境的"美丽垃圾"。因此，在倡导绿色发展的今天，绿色包装设计势在必行。

### 1. 绿色包装的特点

早在20世纪80年代，德国就率先推出有"绿点"（DER GRUNE PUNKT，即产品包装的绿色图案）标志的"绿色包装"。在此后，绿色包装迅速在世界各国得以推广，至1993年，国际标准化组织（International Organization for Standardization，ISO）正式成立了环保委员会，着手制定绿色环保标准，并于1996年1月正式在全球施行，现已被世界各国广泛认知和推广。2019年我国也发布了《绿色包装评价方法与准则》（GB/T 37422—2019），针对绿色包装产品低碳、节能、环保、安全的要求，规定了绿色包装评价准则、评价方法等。绿色包装设计具有如下特点。

（1）绿色包装设计延长了包装的生命周期。传统设计的包装生命周期为包装的生产到投入使用，而绿色包装设计的生命周期延伸到了包装使用结束后的回收、重用及处理阶段。

（2）绿色包装设计是一个并行闭环设计。传统包装设计是一个串行设计过程，其生命周期是指包装从设计、制造直至废弃的各阶段。绿色包装设计实现了包装产品生命周期内的闭路循环，采取的是并行闭环的设计方式。

（3）绿色包装设计有利于保护环境，维护生态系统平衡，可从源头上减少废弃物的产生。

（4）绿色包装设计可减少不可再生资源的消耗。绿色包装设计可使构成包装零部件的材料合理、充分利用，使包装产品在生命周期中耗能最少，总体上减少了材料和能源的消耗。

（5）绿色包装设计减少了废弃物的数量及处理的困难。绿色包装设计将废弃物的产生消灭在萌芽状态，可使废弃物数量降到最低限度，缓解了垃圾处理与社会资源消耗的巨大矛盾。

（6）绿色包装设计是包括材料学、设计学、工程学等跨学科的共同开发的设计。

### 2. 绿色包装设计的要求

对于绿色包装设计，目前国际上要求包装做到4R，既减少材料用量（reduce），增加大容器再填充量（refill），回收循环使用（recycle），能量再生（recover），同时包装设计师还应转变以往的设计思维模式，从绿色环保理念出发，从生产、生活、资源等多层面实施包装的绿色设计。

1）无包装化

没有包装也就没有污染，因此无包装化是解决包装废弃物的最佳方法，即对强度较高的产品，仅需贴上品名、产地、价格等内容的标签，将之置于箱内，无须对个体再行包装。例如，食品中90%的蔬菜、水果都不需要销售包装，还能保持其营养与新鲜。这种无包装的方法，既节省了资源，又减少了经济成本，是值得大力提倡的包装形式。

2）包装的小量化

在当今市场的产品中，包装的容积率在20%以上的商品占据市场商品总量的一半，这类包装多出现在保健品、化妆品等产品中。包装的身大内容小，加大了包装材料的消耗，为日益加剧的环境问题带来巨大的影响。因此，包装设计师应在满足产品包装功能的前提下，尽可能使包装小量化。

3）包装的减量化

某些产品由于材质强度低，不得不使用发泡塑胶等作为缓冲包装材料，这类产品的包装设计应以减量化的设计为原则，在保护产品的前提下，尽量减少缓冲包装材料的使用，或通过创新包装结构来起到保护产品的作用。过分修饰、多层次的包装也应减量而行。如果一件包装过度强调其结构，通过层层叠叠的包装纸、包装盒来增强产品包装的档次，尽管装饰精美、设计时尚，但加大了包装材料的浪费，也不宜提倡。

4）材料解体化

包装材料若由两种以上材料组合而成时，最常见的方式是使用连接剂，这样组合后不容易拆解，不便于回收。为了拆解包装时容易分解与易于辨别，在包装设计时应考虑易于拆解、分离的形式，以利于包装回收时进行解体作业。可降解的材料也是大力提倡使用的包装材料。可降解材料在光合作用或土壤及水中微生物的作用下，在自然环境中可逐渐分解和还原，最终以无毒形式重新进入生态环境中，回归大自然。例如，法国一家奶制品公司使用一种从甜菜中提取的乳酸制成酸奶盒（杯），这种酸奶盒（杯）可在55℃以下、60天内分解为农家肥料。

5）包装与产品结合化

包装与产品结合化是指将包装与产品合二为一，使包装成为产品的一部分，不致有包装废弃物的产生。例如，文具的包装若使之成为文具盒，则可长期使用，家用套装工具利用再生塑料盒作为包装，可随工具永久留存。再如，糖果内包装上的糯米纸、盛装冰淇淋的玉米烘烤杯,这些典型的可食性包装,作为食品的一部分,可随着产品的食用最终消失。

6)包装容器的再利用化

部分液体包装可尽量采用玻璃容器。使用玻璃容器与加大回收利用相结合,有利于资源完全回收利用。除此之外,主包装容器与补充包装相结合的包装设计,也是容器再利用的一种形式。例如,奶粉以铁质硬质容器作为主容器,另设计简单的袋装作补充,有利于主包装的多次利用,从而降低包装废弃物的产生。

7)包装材料的优选化

包装设计时应尽量选用可循环再生的材料。目前国际上使用的可循环再生材料多为再生纸,以废纸回收制成再生纸箱、模制纸浆、蜂浆纸板和纸管等。这些可循环再生材料一般可用于包装内部的缓冲材料或外部包装材料。许多国家还研究出了以植物为包装材料的技术,如以玉米、蜀葵、黍子等植物为原料,采用生物分解或光分解技术制成塑胶作为包装材料。纵观我国包装的发展历史,许多传统包装仍值得我们在当下包装设计时借鉴,如中国的米粽包装就是一种极佳的绿色包装设计,包装的外衣——粽叶,取材于天然植物——箬叶、芦苇叶,粽叶不仅增添了米粽清香,而且用后弃于自然,便于分解,不会对环境、生态平衡和资源的维护造成危害。

### 3. 绿色包装设计的要素

绿色包装设计是以环境和资源为核心的包装设计过程,即选用合适的绿色包装材料,运用绿色的工艺手段,对产品包装进行造型设计、结构设计和装潢设计的过程,设计时主要应考虑材料、造型、技术这三大要素。

1)材料要素

材料要素包括基本材料(纸类材料、塑料材料、玻璃材料、金属材料、陶瓷材料、竹木材料及其他复合材料等)和辅助材料(黏合剂、涂料和油墨等)两大部分,是实现包装基本功能的物质基础,涉及包装的整体功能、经济成本、生产加工方式和包装废弃物回收处理等多方面。绿色包装设计材料的选择应遵循以下原则。

(1)包装材料应轻量化、薄型化、易分离、高性能。

(2)包装材料可回收和可再生。

(3)包装材料具有可食性。

(4)包装材料可降解。

(5)天然包装材料。

(6)尽量选用纸包装。

图 2-11 为咖啡产品的系列绿色包装设计。

2）造型要素

包装造型是包装设计的主要内容之一，造型要素包括包装展示面的大小和形状。如果包装造型设计合理，可以节约包装材料、降低包装成本、减轻环保的压力。在考虑包装设计的造型要素时，可优先选择节省原材料的几何体。例如，在容积相同的情况下，球体的表面积最小，立方体的表面积比长方体的表面积小，当圆柱体的高等于底面圆的直径时，其表面积最小。绿色包装的造型设计应遵循以下原则。

（1）结合产品自身特点，充分运用产品造型要素的形式美法则。

（2）适应市场需求，进行准确的市场定位，创造品牌个性。

图 2-11　咖啡产品的系列绿色包装设计

（3）包装设计时尽量以"轻、薄、短、小"为主，杜绝过度包装、夸大包装和无用包装。

（4）从大自然中汲取灵感，用模拟的手法进行包装外形的创新设计。

（5）充分考虑环境与人机工程学要素。

（6）大力开发包装造型系列化设计。

图 2-12 为自带浪漫烛光的酒包装设计。

图 2-12　自带浪漫烛光的酒包装设计

图2-13为环保可重复使用的饮料包装瓶设计。

图2-13　环保可重复使用的饮料包装瓶设计

3）技术要素

要想真正达到绿色包装的标准，还需要以绿色包装技术作为补充。这里说的技术要素包括包装设计中设备、工艺、能源及采用的技术。所谓绿色技术是指能减少污染、降低消耗、治理污染或改善生态的技术体系。绿色包装设计的技术要素包括以下几点。

（1）加工设备和所用能源等要有益于环保，不产生有损环境的气、液、光、热、味等。在生产过程中采用对环境无污染的生产工艺和低耗能设备。加工过程不产生有毒、有害的物质。

（2）增强可拆卸式包装设计的研究，以便消费者能轻易按照环保要求拆卸包装。

（3）加强绿色助剂、绿色油墨的研制开发。

一名优秀的包装设计师应该在包装设计过程中坚守设计师的社会责任和设计伦理，在包装设计的各环节中切实树立起绿色包装设计的理念，运用创意智慧对绿色包装的发展起到推动作用，用包装设计让生活更美好，让"绿色"真正成为21世纪的迷人色彩，让绿色包装成为包装设计的未来。

# 模块 3

## 包装设计与方案表现

本模块通过包装容器的设计、包装装潢的设计，使学生认识和理解包装的形态、视觉设计与包装内容物的关系，掌握包装容器造型设计、装潢设计的基本方法，了解包装空间造型的基本原理，了解常见纸盒结构形式。能独立完成包装设计与方案表现。

### 知识目标

1. 掌握包装容器造型设计的基本方法；
2. 掌握包装设计中所需的色彩、图形、字体和编排的知识；
3. 了解包装空间造型基本原理与常见纸盒结构的形式。

### 技能目标

1. 能综合运用视觉表现方法，寻找符合产品本身特性的设计表现形式，掌握包装设计的一般标准；
2. 能够独立完成完整的产品包装设计；
3. 能够独立完成包装设计与方案表现。

### 素质目标

1. 培养学生严谨、务实、认真的学习态度；
2. 培养学生团结合作、吃苦耐劳、耐心细致的工作作风；
3. 培养学生良好的职业道德和社会责任意识。

### 学习内容与训练项目

1. 通过包装项目设计，掌握包装设计岗位的基本技能；
2. 通过实地考察和市场调研，掌握包装设计市场调研与分析的主要途径和方法。

## 3.1 包装容器设计

包装容器设计是将包装的功能和外观运用美学原则，通过变换其形态、色彩等进行包装容器的造型与视觉美化的设计形式。包装容器必须能可靠地保护产品、具有优美的外观和与之相适应的经济性。

包装容器设计

### 3.1.1 包装容器设计的概念

包装的容器与我们日常生活中通常意义的容器是不同的。生活中的容器通常指盛装物品的器皿，而包装容器则是专门针对某个产品而设计制作的，能填充或灌装产品，为保护产品、促进销售而设计的包装形式。

在商业包装中，包装容器已成为设计中的亮点，也成为吸引消费者注意力，甚至引导消费者购买产品的因素之一。很多产品的容器就是其作为销售的包装容器。例如，饮料、酒、化妆品、洗涤用品等，消费者可能会因为对其包装容器造型的喜爱而产生购买的欲望，从而达到促进销售的目的（图3-1～图3-3）。

图3-1　饮料包装

图3-2　酒包装

### 3.1.2 包装容器设计的基本原则

（1）良好的保护性。由于产品性质的不同，很多产品会对容器有特殊的要求。例如，有些产品需要有良好的密闭性，有些产品需要避光保存、有些产品需要有一定的耐压性等。

（2）良好的便利性。不能为了造型独特而妨碍产品的携带或使用的方便，避免出现不易开启或使用不便的包装。

（3）良好的识别性。包装容器必须符合产品的特征，并能很好地体现其个性。

### 3.1.3　包装容器造型设计的要素

包装容器造型设计的要素包括功能、材料和成型工艺，这三方面是相辅相成的，都对包装容器造型设计有着直接的影响。

（1）功能是容器造型的出发点。包装容器包括保护、便利和促销三大功能。保护功能是最基本的功能，是指容器对内盛产品的保护性。便利功能主要体现在两个方面：一是在运输、储存过程中包装容器在进行集中排列摆放时对空间的合理利用；二是消费者在使用产品过程中的便利性。促销功能主要是指在容器造型设计中应充分考虑消费者的喜好。

图3-3　糖果包装

（2）材料是完成造型并保证功能的基础。任何一件包装容器都必须依附于某种材料才能被制作完成，材料决定着其功能的强度、制作的成本、视觉与触觉的变化等，是包装容器造型中必须考虑的设计要素。

（3）成型工艺是完成包装造型的条件。独特的包装造型必须有相应的成型工艺作支撑，才能被制作出来。

### 3.1.4　包装容器的分类

包装容器按照形式特点可分为硬质包装容器和软质包装容器两大类。

包装容器的分类

#### 1. 硬质包装容器

硬质包装容器主要以陶瓷、玻璃、金属等为原材料，通过模具热成型工艺加工制成瓶、罐、盒、箱等，这类容器成型后不易变形，

能够防水，主要用于酒、饮料、医药、化工等产品中，以及防潮湿、防氧化等保护要求很高的产品包装上（图3-4）。

图3-4　硬质包装容器

（1）硬质包装容器按材料可分为陶瓷容器、玻璃容器、金属容器、塑料容器、石材容器、自然材料容器等。

（2）硬质包装容器按产品分类可分为酒水类容器、食品类容器、化妆品类容器、清洁剂类容器、药品类容器、化学工业类容器和文化用品类容器等。

（3）硬质包装容器按形态可分为瓶、坛、碗、杯、壶、罐、碟、桶、缸、盘等。

### 2. 软质包装容器

软质包装容器主要指以质地软、易折叠的纸质材料、纺织材料、编织材料等为原材料制作的盒、袋等包装容器（图3-5）。

## 3.1.5　包装容器常用的材料

### 1. 纸

纸在包装材料中占有很重要的地位，这是因为纸具有以下优点。

（1）原材料来源丰富，价格较金属、塑料、棉麻织品、玻璃、

图3-5　软质包装容器

陶瓷等包装材料低。

（2）与其他包装材料相比，纸的重量相对较轻，且可折叠，能降低包装成本及运输费用，并有刚性和抗压强度，弹性良好，有一定的缓冲作用。

（3）纸的质地细腻、均匀、柔软，印刷装潢性好，易于加工成型，结构多样，适宜自动化、机械化生产。

（4）纸通常无味、无毒、卫生，且较其他包装材料更易于使用后的处理，减少了对环境的污染。

纸具有如下缺点。

（1）纸的阻隔性低，耐水性差。纸是多孔质材料，是有无数微小空隙的构造体，气体、液体等容易渗入纸层内，纸的纤维本身也有吸湿性，会因外部气候条件而变化，特别容易受环境湿度的影响。

（2）纸的强度较低，尤其是抗湿强度低，但通过与其他包装材料复合、组合使用，可在一定程度上获得改善。

### 2. 塑料

塑料作为一种新型包装材料，在包装材料总使用量中的比例也在逐年增长，在不少国家已达到仅次于纸类包装材料的水平。塑料的种类多达300多种，常用的有几十种，通常依据对热的反应性分为两大类：①热塑性塑料，有加热变软、冷却变硬的性质；②热固性塑料，加热时先变软，不久变硬，一旦凝固，其后再加热也不会变软。

塑料具有以下优点。

（1）塑料通常比金属、木材、玻璃等质量轻，透明，强度和韧性好，结实耐用。

（2）塑料的阻隔性良好，耐水、耐油。

（3）塑料的化学稳定性优良，耐腐蚀。

（4）塑料的成型加工性好，易热封和复合，可替代许多天然材料和传统材料。

塑料具有以下缺点。

（1）塑料的耐热性不够高，温度升高后强度下降。

（2）塑料的刚性差，容易变形。

（3）在光、热、空气等因素的作用下，塑料会出现质地发脆等老化现象。

（4）易与食品中的添加剂产生化学变化，有的塑料不宜作为食品包装。

（5）塑料不能自然分解，会对环境造成污染。

### 3. 木材

木材是一种天然的包装材料，稍作加工，即可使用。通常的用法是制成木箱、木盒。

木材具有以下优点。

（1）材料容易取得。

（2）木材加工较简单，不需要大型机械设备。

（3）木材价格较低，可反复使用。

（4）木材强度高，可作为大型货物的包装。

（5）木材可依产品的内容自由做成所需容积和形状。

（6）木材耐冲击，而且韧性优良。

木材具有以下缺点。

（1）木材质量大于瓦楞纸箱，输送成本较高。

（2）木材材质不均匀，会引起强度不均匀。

（3）木材含有一定水分，对内容产品有不良的影响，干燥后会收缩且变形。

### 4. 金属

现代金属包装起源于100多年前。19世纪初法国人发明了食品罐藏法，后来，英国人发明了马口铁罐，从而开创了现代金属包装的历史。现在，金属材料已成为不可或缺的重要包装材料。

金属容器从只具暂时存放物品的功能演变到今天的密封容器，成为食品长期保鲜的重要手段，使我们的生活发生了重要的变化。制罐的金属材料主要有电镀锡马口铁、无锡钢板、铝板、金属箔等。

第二次世界大战以后，铝从军用转为民用，出现了新型材料——铝箔。铝箔作为包装材料有着良好的适应性和经济性，其取代以往的铅箔、锡箔，成为糕点或香烟的包装材料。

金属具有以下优点。

（1）金属具有优良的阻隔性能，能有效阻隔空气、阳光，有利于产品保质。

（2）金属具有优良的机械性能，耐高温和湿度变化、耐压、耐侵蚀等。

（3）金属不易损坏，便于携带。

（4）金属表面装饰性好。

（5）金属回收利用率高，可减少资源消耗。

金属具有以下缺点。

（1）金属制造成本相对较高。

（2）金属化学稳定性较差，易腐蚀，从而影响美观。

（3）金属耐酸碱性能力较弱。

### 5. 玻璃

玻璃容器可以盛酒、油、饮料、调味品、化妆品等。

玻璃具有以下优点。

（1）玻璃的阻隔性优良，不透气、不透湿，可加色料，对紫外线有屏蔽性。

（2）玻璃的化学稳定性优良，耐腐蚀，不污染内装物，无毒无味。

（3）玻璃的耐压强度高，硬度高，耐热。

（4）玻璃能制成各种规模的容器，而且极具创意性，可以按照要求改变其色彩、形状与透明性，可以制成高级化妆品的容器瓶和豪华制品等，也可以制成普通用品。

（5）玻璃可回收再用、再生，不会造成污染。

玻璃具有以下缺点。

玻璃容器的自重与容量之比大，质脆易碎，能耗也较大。这些缺点限制了玻璃的应用。

### 6. 陶瓷

陶瓷是历史悠久的包装材料，自远古至今仍盛行不衰。如今一些知名的酒包装仍以陶瓷作容器。陶瓷可分为陶器与瓷器。釉是附着于陶瓷坯表面的类似玻璃的物质。细陶瓷制品通常要施釉，除了使制品具有装饰效果外，还能改善制品的强度和热稳定性等，从而对制品本身起到一定的保护作用。

陶瓷具有以下优点。

（1）陶瓷的抗腐蚀能力强，能够抵抗氧化，抵抗酸碱、盐的侵蚀。

（2）陶瓷具有耐火性、耐热性和断热性。

（3）陶瓷的物理强度高，可经受一定的压力而不致损坏。

（4）陶瓷的化学性能稳定，成型后不会变形。

陶瓷具有以下缺点。

陶瓷在外力撞击下容易破碎，笨重，尺寸精度不够高，不易回收。

### 7. 复合材料

纸、塑料、金属等单一材料总有各自的优点和缺陷。如金属材料，特别是像铝一类的金属不耐腐蚀，但是箔材的隔绝性（隔绝光、气、水蒸气）却非常好；又如由高分子组成的聚乙烯树脂的最大优点是耐化学腐蚀，并可热封，加工方便，但其薄膜的隔绝性特别差，不能很好地保护被包装物。

因而，将两种或两种以上的材料通过一定方法加工复合，使其既具有各自原材料的特性，又能弥补单一材料的不足，这就是复合材料。复合材料的性能取决于基本材料的构成。一般来讲，复合层数越多，性能越好，但成本也会随之增加。

## 3.2 包装装潢设计

### 3.2.1 包装装潢设计的概念

包装装潢是指包装的装饰和美化，包装装潢设计即运用视觉美的法则，将包装的外形、图案、色彩、文字、商标品牌等视觉要素构成一个艺术整体，起到传递产品信息、表现产品特色、宣传产品、美化产品、促进销售和方便消费等作用。好的产品包装远比一个推销员有用，它是识别产品的一面旗帜，也是产品价值的象征。例如，同为碳酸饮料的百事可乐和可口可乐，它们都有体现本品牌独特的包装装潢。

百事可乐——外包装主体为蓝色、几何抽象图案，动感，时尚。

可口可乐——外包装主体为红白色、波浪图案，文字延续图案波浪形的风格，优雅、经典。

两大品牌的包装装潢设计形象鲜明、各具特色，具有极强的辨识度。

## 3.2.2　包装装潢设计的要素

产品包装装潢是对包装表面的设计，由外形、构图和材料三要素构成。外形要素是指产品销售包装展示面的外形，包括展示面的大小、尺寸和形状，或指装潢纸的外形。构图要素是指销售包装的装饰表面的图形、色彩、文字的组合。材料要素主要指销售包装所用材料表面的纹理和质感。外形、构图、材料三要素互相制约而又紧密联系，形成一个整体。通常，构图要素是包装装潢的主体，它本身也具有一定的外形要素。外形和构图不能离开材料的限制范围去表现。

包装装潢设计
的要素

## 3.2.3　包装装潢编排设计的要素

### 1. 商标与品名

商标是产品的标志，是该产品区别于其他产品的标记，是消费者识别产品的重要信息，也是企业品牌的核心。经过注册的商标具有法律效力，代表着产品生产企业的信誉和特色。品名是指产品的名称，是产品的文字缩影，常常是以简洁的、朗朗上口的文字说明产品的类别及特性，如"统一鲜橙多"、"康师傅"麻辣牛肉面等。

在产品包装设计中，商标与品名都是最重要的视觉信息，通常会同时出现在包装的主展示面上。一些知名品牌的包装设计，大多以商标和品名作为设计表达的主体，这样既可以突出品牌，又能够增强产品的可信度。例如，"越南会安古镇"鲜花饼包装，将商标和品名摆放在包装展示面的上方，其品名"鲜花饼"三个字则经过特

图3-6 "越南会安古镇"鲜花饼商标与品名
（设计：欧阳文静　指导教师：李玥）

殊设计，具有良好的识别性并且能凸显出产品的特色（图3-6）。

### 2. 文字要素

包装中必不可少地会展现一些文字，这些文字可以分为基本文字、资料文字、说明文字和广告文字（图3-7）。

（1）基本文字，包括产品的品名和企业的名称，大多采用特殊设计的字体，出现在包装的主展示面上。

（2）资料文字，包括产品的成分、容量、型号、规格等，多以印刷字体出现于包装的侧面或背面。

（3）说明文字，说明产品的用途、用法、保养、注意事项等，文字简明扼要，多以印刷字体出现于包装的侧面或背面。

（4）广告文字，起着宣传推销的作用，大多和商品广告中的广告语一致，语言简短、生动、朗朗上口，但广告文字并非包装上的必要文字，设计时可根据实际需要确定是否出现在包装中。

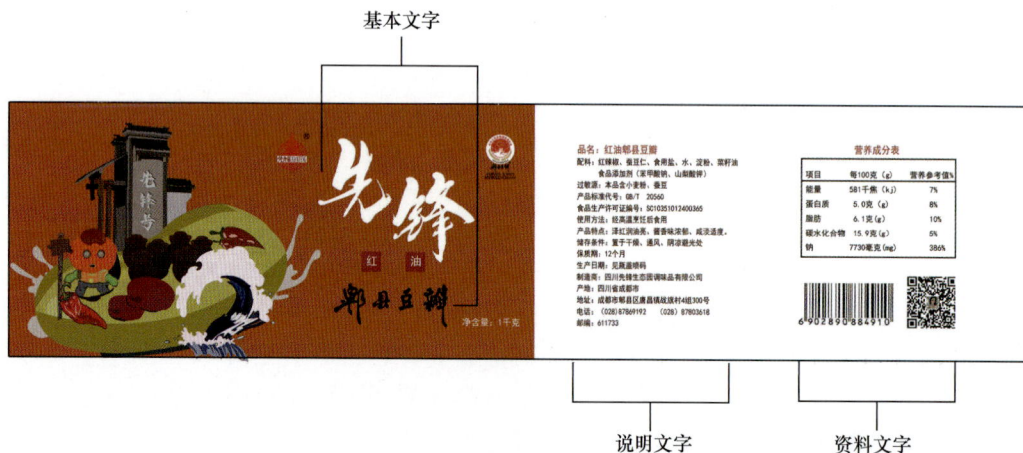

图3-7 文字要素示意图

### 3. 图形要素

图形是一种没有国界的视觉语言，相比文字，图形在传递信息时更容易吸引受众眼球，并更容易被记忆。包装设计中图形能起到吸引消费者注意、促进销售的作用，成为一种很重要的视觉语言。

图形在包装设计中常用的表现手法有以下几种。

（1）具象图形表现手法（图3-8）。具象图形在包装设计中一般采用摄影、绘画或计算机合成等形式予以表现，其特点为真实、直观。

（2）抽象图形表现手法（图3-9）。抽象图形多用于医药、日用化学品、电器等产品的包装，常常表达一些无法具体图像化的概念，其特点为时尚、新潮。

（3）意象图形表现手法（图3-10）。意象图形以客观物象为素材，以写意、寓意的形式构成图形，常见为装饰性图形，其特点为高雅、趣味性。

图3-8  具象图形表现手法

图3-9  抽象图形表现手法          图3-10  意象图形表现手法

## 4. 色彩要素

图形、文字等要素必须与色彩配合才能达到最佳的效果。优秀的产品包装，其色彩不仅能美化产品，吸引消费者的视线，使人们在购买产品过程中有良好的审美享受，同时也能起到对产品的宣传作用，让大众在不经意中关注其延伸的企业品牌。

合理的色彩搭配能丰富包装的层次，不恰当的色彩搭配会让包装信息变得混乱。在进行色彩搭配的时候，必须注意色彩是否能与其他设计元素和谐统一，作为背景的色彩能否对图形、文字起到良好的衬托作用，色彩搭配会不会影响到整体色调，进而影响产品个性的展现。

例如，"青城山"茶的系列包装选择了茶叶本身的绿色作为总体色调，给人原汁原味、清凉、纯净、解渴的视觉感受，同时也很好地传递产品的特性，被消费者接受（图3-11）。

图3-11 "青城山"茶包装设计
（设计：刘阳春　指导教师：唐宏）

下面介绍几种常见产品的色彩搭配。

食品：一般用鲜明丰富的色调，以暖色为主，以突出食品的新鲜、营养感。

医药：所用的颜色会根据药品的功效来确定，一般冷色居多，如用蓝色表示镇静、消炎，绿色表示止痛、安定，黑色表示剧烈、有毒等。中草药类一般用褐色、棕色及土黄色、土红色等。

化妆品：淡雅的色彩是化妆品包装设计的常用色。

儿童用品：常用鲜艳夺目的色彩组成对比强烈的各种色调。

金属制品：常用红色、黄色、蓝色、黑色及其他较沉着的色块来表达。

### 3.2.4　包装装潢编排设计

#### 1. 包装装潢编排设计的形式

包装装潢编排设计是将商标、文字、图案、商品形象、说明文字等视觉元素有机地组合在特定的空间里，以构成一个

包装装潢编排
设计

64

完美的整体。这些元素的组合并不是随意构成的，它们会始终围绕着一个特定的结构进行。没有结构就没有秩序，图案也会显得杂乱无章。

包装装潢编排设计的骨架结构可归纳为以下几种形式。

（1）垂直式构图（图3-12）。垂直式构图结构顶天立地，采用均齐或平衡手法，局部加以微小的变化调节画面，以打破画面的单调感。

（2）水平式构图（图3-13）。水平式构图给人一种安静、稳定感，需要注意的是，要处理好水平线的分割和面积比例的变化。

（3）倾斜式构图（图3-14）。倾斜式构图给人一种方向感，但处理时应注意在不平衡中寻求平衡。

（4）弧线式构图（图3-15）。弧线式构图的弧线式骨架包括圆式、S线式两种，两者都具有空间感。

（5）三角式构图（图3-16）。三角式构图画面分割鲜明，有正三角式、倒三角式和侧三角式，在设计时三角式构图应与文字和图案综合考虑。

（6）散点式构图（图3-17）。散点式构图结构自由、画面饱满，设计时应注意结构的聚散布局。

（7）求方式构图（图3-18）。求方式构图的骨架是垂直式与水平式的组合，设计时应注意面积的大小和位置的变化。

（8）中心式构图（图3-19）。中心式构图将主要内容放在画面的中心位置，这样的结构视觉安稳、形象集中突出。

（9）空心式构图（图3-20）。空心式构图将主要或大部分内容放在画面边缘位置，中心留白，使整个画面呈现空间膨胀感。

图3-12　垂直式构图
"至尊猕猴"系列包装设计
（设计：李秋　指导教师：李玥）

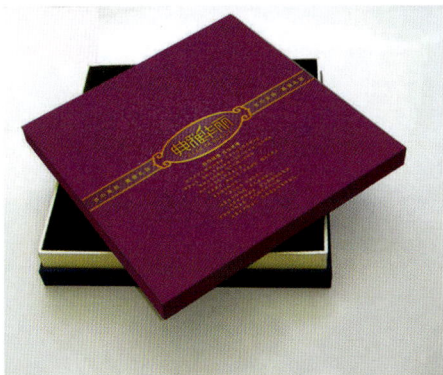

图3-13　水平式构图

图3-14　倾斜式构图
"越南会安古镇"特色产品系列包装设计之一
（设计：邹为　指导教师：刘静）

图3-15 弧线式构图

图3-16 三角式构图

图3-17 散点式构图
"越南会安古镇"特色产品系列包装设计之一
（设计：邹为 指导教师：刘静）

图3-18 求方式构图

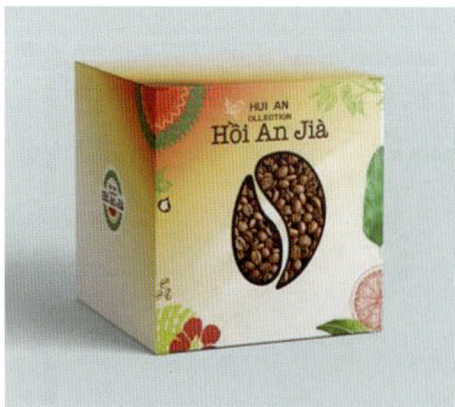

图3-19 中心式构图
"越南会安古镇"特色产品系列包装设计之一
（设计：邹为 指导教师：刘静）

图3-20 空心式构图
"都江崖蜜"包装设计
（设计：唐宏）

（10）格律式构图（图3-21）。格律式构图是将画面分割为多个空间，利用线和面的组合构成有规律的画面，具有节奏韵律感。

图3-21　格律式构图

（11）重叠式构图（图3-22）。重叠式构图为多层次的重叠，使画面丰富、立体。

图3-22　重叠式构图
"共享川味"火锅底料系列包装设计之一
（作者：廖林　指导教师：王月颖）

### 2. 包装装潢编排设计的表现

（1）视觉信息的取舍。在包装装潢编排设计时，众多的信息中哪些是主要信息，需要以怎样的方式吸引消费者的眼球，引起重点关注，是设计者重点考虑的问题，如商标、品名、商品的卖点等。

包装装潢编排
设计的表现

这些信息有时候具有重叠性,如"可口可乐",它既可作为商标,同时也是产品名称。

产品的主要成分、净含量、生产批号、保质期、生产许可信息、使用方法等,可作为包装装潢编排设计中次要信息。

(2)视觉信息的编排设计。在包装装潢编排设计时,所有视觉信息将以文字、图形、色彩的形式出现在包装中,需要根据包装的风格定位、外形特征、材料质感等来确定编排方式。

① 以文字作为设计表达的重点并辅以图形。例如,"堰都传说"服饰包装盒的设计(图3-23),文字占据了中央主要的版面,以品牌名称为视觉的中心,起到了进一步的说明和引导销售的作用。

图3-23 "堰都传说"服饰包装盒的设计
(设计:陈力 指导教师:刘静)

② 以图形作为设计表达的重点,文字为辅助性的元素。例如,"越南会安古镇"鲜花饼、玫瑰花茶系列包装设计(图3-24),主展示面都是以身穿奥黛的人物形象以及鲜花的搭配来表现产品的特色,并

图3-24 "越南会安古镇"鲜花饼、玫瑰花茶系列包装设计
(设计:欧阳文静 指导教师:李玥)

以辅助文字向人们传递产品的各种信息。图3-25为"越南会安古镇"鲜花饼包装设计。

图3-25 "越南会安古镇"鲜花饼包装设计
（设计：李海清 指导教师：刘静瑜）

③ 以色彩的识别作用为设计表达的重点。例如，"共享川味"火锅底料系列包装设计（图3-26），就以体现产品特色的颜色为主要设计要素，通过颜色的变化以区别同系列的其他口味火锅底料的包装，有较好的识别性。

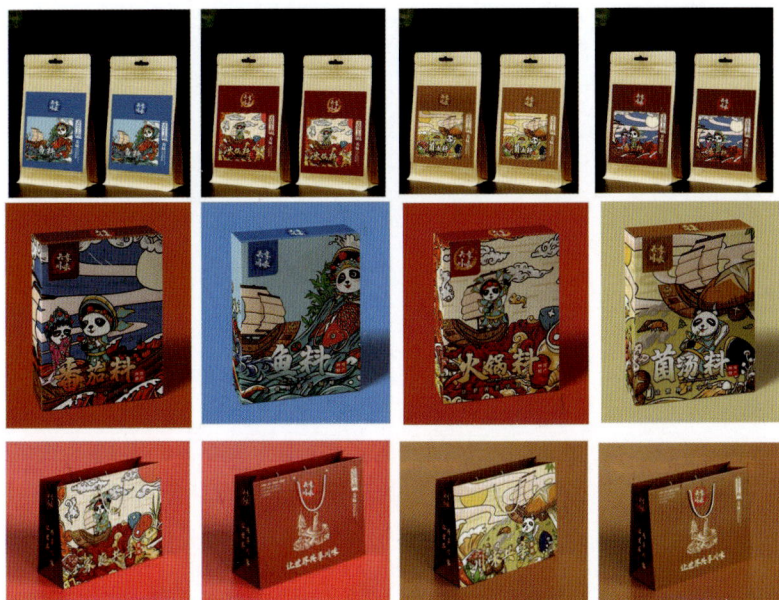

图3-26 "共享川味"火锅底料系列包装设计
（设计：吴秀菊 指导教师：唐宏）

## 3.3 包装设计能力的拓展

### 3.3.1 空间与造型

空间与造型

包装设计是一种空间立体艺术，它是以纸、塑料、金属、玻璃、陶瓷等材料为主，利用各种加工工艺创造出立体造型。可以说，包装的造型过程就是立体空间造型的过程。例如，图3-27所示番茄集装箱的包装设计，秉承了包装设计的首要原则——保护产品，上部挖空的设计便于摆放且充分利用了空间。

图3-27　番茄集装箱的包装设计

### 1. 立体构成的元素在现代包装设计中的应用

立体构成的基本元素是点、线、面、体，所以研究包装设计中的空间与造型首先应从点、线、面、体几个方面入手。这些元素除了基本的实用属性外，还承载着形式上的审美功能和象征、展示、销售等功能。

（1）点。在立体构成中，点可以是具备高度、深度、长度的三维空间实体，为产生不同的视觉造型效果发挥着自身的作用。例如，图3-28中将巧克力置于排列整齐的模型中，产品本身就成了包装设计的重要元素。

在包装造型中，点也可以是视觉感受上相对较小的形象，如包装容器上的商标、文字等，它可以以三角形、菱形、正方形等形式

图 3-28　巧克力包装设计

出现。在造型设计中，点常被用来点缀，以获得生动、活泼的造型
效果（图3-29）。

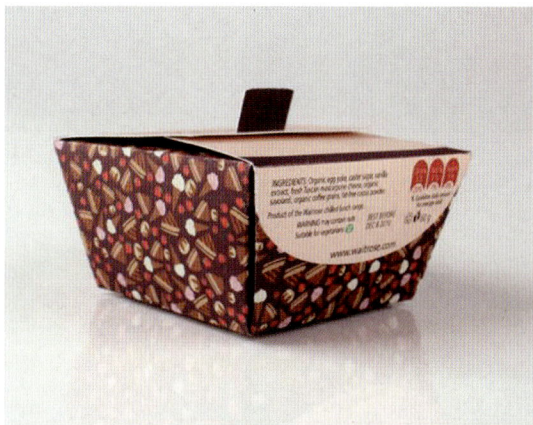

图 3-29　点元素的应用

　　（2）线。线能够塑造出丰富的情感韵味。立体构成中，线材分
为软质线材和硬质线材。软质线材在现代包装设计中多以绳索、丝
带等为材料，以打结方式对产品进行包装，起到保护产品且美观的
作用（图3-30）；硬质线材在现代包装设计中常作为稳固包装以保护
产品（图3-31）。

　　（3）面。面是立体构成中必不可少的元素，不同的包装材料、产
品性质、设计角度等都能给消费者不同的体验。平面具有平整、简洁、
安定之感，如图3-32的"青城雪竹"茶叶包装设计。曲面具有柔和、
亲切、饱满之感和动感（图3-33）。

图3-30 软质线材的应用

图3-31 硬质线材的应用

图3-32 "青城雪竹"茶叶包装设计
（设计：杨蕊绮　指导教师：李玥）

图3-33 曲面元素的应用

图3-34 "七佛缘"茶叶包装设计
（设计：张瑶　指导教师：刘静）

（4）体。体在立体构成中主要包括切割、组合、变形三种方式，通过产品特性对几何形体进行重构。

① 平面体：由平面围成，轮廓线明确，具有刚劲、坚固、明快之感，如正方体、长方体、方锥体等，图3-34为"七佛缘"茶叶包装设计。

② 曲面体（图3-35）：由曲面或由曲面与平面围成，轮廓线不明确，具有柔和、圆滑、流畅、饱满之感，如球体、圆柱体、圆锥体等。

## 2. 现代包装的形式美法则与立体构成

形式美法则与立体构成的抽象思维对现代包装设计有着直接或间接的影响。产品包装设计作为现代设计中的一个门类，也受到立

图3-35　曲面体元素的应用
"越南会安古镇"特色产品系列包装设计之一
（设计：邹为　指导教师：刘静）

体构成艺术的影响。构成的原理就是把点、线、面、体、色彩、肌理等基本要素按照形式美规律进行创造性的组合。现代产品包装设计所体现线的形式美有以下几点。

（1）对称与均衡（图3-36）。对称与均衡在现代包装设计中通常应用在瓶体的设计上。此外，在很多包装的盒体设计上，均衡的原则也十分常见。

（2）调和与对比（图3-37）。立体构成的对比是指通过造型的曲直、大小、质感等变化来凸显其动感、活泼的性质。对比可以使造型更加生动，使包装的效果更加多元化。当立体构成的元素差异过大时，就需要使用一些元素对其进行调和，从而使立体构成中的各种要素显得和谐而统一。

图3-36　对称与均衡

图3-37　调和与对比
"至尊猕猴"系列包装设计
（设计：李秋　指导教师：李玥）

（3）节奏与韵律（图3-38）。节奏是韵律形式的单纯化，韵律是节奏的丰富化。节奏的强弱与构成元素有关，元素多且复杂，节奏感就强烈，反之亦然。节奏与韵律是相辅相成的，通过节奏与韵律可以体现造型美的感染力，使包装设计更加有代表性和美感。

图3-38　节奏与韵律
"共享川味"火锅底料系列包装设计
（作者：廖林　指导教师：王月颖）

（4）比例与尺度。产品包装设计必须考虑比例的问题，容器长、宽、高的维度关系，图案的比例关系等都关系到产品包装设计是否合理有效。

例如，"iPhone6"的包装长15.6厘米、宽8.5厘米、高4.7厘米，这一包装尺寸可适当地容纳机身，并起到保护作用。

### 3. 包装造型设计的方法

世界上的物质有三种状态，即液体、固体、气体。我们日常广泛应用的物品大多是固体和液体状态。盛装这些产品的容器材质不同，包装造型也会不同。针对这些容器的造型进行科学、合理的包装设计，是包装设计的重要内容之一。包装容器的造型变化是表现产品独特个性和别样情趣的重要方法，它不仅能增强包装的魅力，还能促进消费者潜在的购买欲望。容器造型上的变化手法有以下几种。

（1）线型法。在包装容器造型设计中"线"分两种，一种是形体线，一种是装饰线。形体线是指表达正视图、侧视图和俯视图的线条，可决定包装容器的主体形态和立体结构；装饰线是指依附于形体表面的线，不影响形体的造型，主要起装潢、美化的作用。

① 形体线（图3-39）。一般把容器造型分三部分：头颈、胸腹、足底。形体线是构成外形轮廓的基本元素，它决定了容器造型的基本形态。在包装设计时，首先要确定容器造型的形体线，是以直线为主，还是以曲线为主，或是曲直结合。例如，酒的包装容器造型，若胸腹直线部分较长，肩部采用端肩，造型会给人一种庄严感；若肩部采用溜肩造型，曲线弧度小，直线与弧线自然过渡，造型会给人一种柔和秀美感。

图 3-39　形体线的应用
"小剑南"小瓶酒包装设计
（作者：王蒲　指导教师：刘静瑜）

② 装饰线（图3-40）。在一些高档酒类和化妆品的瓶体设计中，为了追求更好的视觉效果，提升产品的附加值，通常会采用装饰线，在瓶身部位设计放射状装饰线，以使瓶体产生丰富的变化，显示出产品高贵、典雅的气质。

（2）雕塑法。雕塑法需要先确定一个基本型，然后做形体的切割与组合。

① 切割法（图3-41）。首先根据构思确定基本的几何形态，然后进行平面、曲面、平曲相结合的切割，使整个造型简洁、挺拔。目前市场上出售的大容量食用油、洗衣液等产品，在包装造型设计时，通常把手没有设计在基本型之外，而是在基本型部分以内凹穿透式切割成型。这样获得的容器造型，给人以线条流畅、简洁明快的整体感，并且从不同角度观察其外部形态都是非常完整、优美的。

② 组合法（图3-42）。组合法是指两种或两种以上的基本形体，依照造型的形式美法则进行组合，使造型富有变化的方法。使用组合法能让产品在众多同类产品中脱颖而出，但在包装设计时要注意组合要素的整体协调。

图 3-40　装饰线的应用

图 3-41　切割法的应用

③ 形象模拟法（图 3-43）。形象模拟法就是以自然界中自然形态和人工形态为设计依据进行创作，使包装设计生动自然，从而增加产品的情感个性。

（3）肌理法（图 3-44）。通过肌理法可使包装材料显得有质感，同时也要求设计者对材料及表面处理的工艺有深刻的理解，并能合理地运用。肌理法的运用重点是要形成明与暗、光滑与毛糙、精细与粗犷的对比，以突显质感。

（4）光影法（图 3-45）。在包装设计中利用光和影可以使物体更具立体感和空间感。形体上

图 3-42　组合法的应用

图 3-43　形象模拟法的应用

图 3-44　肌理法的应用

图 3-45　光影法的应用

不同方向的面是产生光和影的基础，按一定规律进行排列，就会形成各种光的折射和阴影的效果。

（5）配饰法（图3-46）。配饰法是指通过配饰与容器的材质、形式所产生的对比来强化设计的个性，使包装设计更趋于风格化。配饰的处理可以根据容器的造型，采用绳带结扎、吊牌垂挂、饰物镶嵌等，但需注意，配饰只能起到衬托、点缀的作用，不能因过于烦琐而喧宾夺主，影响容器主体的完整性。

图 3-46　配饰法的应用

### 3.3.2　包装纸型结构设计

在现代的商业包装中，大部分的包装是利用纸材来制作的。纸材是最早被开发应用在包装中的材料，因其方便成型且易于印刷的特点，在包装的结构设计中也最为常见。

包装纸型结构设计

我们日常所接触到的纸盒包装，不但造型大小不一，而且种类繁多、琳琅满目。如果将各种各样的纸盒集中起来，大致可分为成品不能折叠压放的硬纸盒和成品可折叠压放的折叠纸盒两大类。在进行纸盒结构设计时，一般习惯于按照纸盒的构造方法与结构特点进行细分，从中寻找一些基本的结构变化方式。

#### 1.　盒体结构

盒体的结构样式种类繁多、常见的有以下几种。

（1）摇盖盒（图3-47），这是结构上最简单、使用得最多的一种包装盒。盒身、盒盖、盒底皆为一板成型，盒盖摇下盖住盒口，两侧有摇翼。盒底的结构可参考后面介绍的"盒底结构"来选择合适的形式。由于它所使用的纸料面积基本上是长方形或正方形，因此最合乎经济原则。

（2）套盖盒（图3-48），又称天地盖，即盒盖（天）与盒身（地）分开，互不相连，而以套扣形式封闭内容物。虽然套盖盒与摇盖盒相比在加工工艺上要复杂些，但在装置产品及保护效用方面要理想些。从外观上看，套盖盒能给人以厚重、高档感，因此，多用于高档产品的包装设计及礼盒设计。

（3）开窗盒（图3-49），这种结构的最大特点，是将内容物或内包装直接展示出来，给消费者以真实可信的视觉信息。开窗处的里面贴上PVC透明胶片以保护产品。

做开窗设计时有两个原则必须遵守：①窗的大小要适宜，开得太大会影响盒子的牢固，太小则不能看见产品。②开窗的形状要美

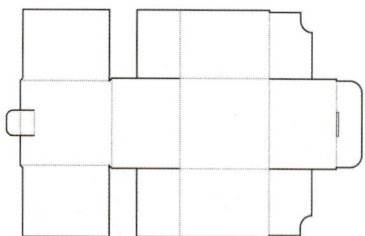

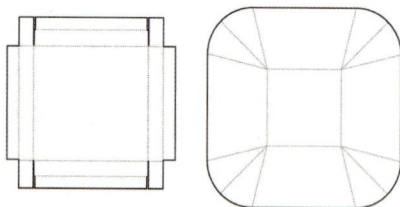

图3-47　摇盖盒　　　　　　　　　　图3-48　套盖盒

观，如果切割线过于繁杂反而会使画面显得琐碎。

（4）陈列盒（图3-50）在货架或柜台上陈列时可形成一个展示架。它的主要变化在盒盖部分，盖子打开后，能够很好地展示盒面的图形文字，起着广告宣传的作用。盖子放下后，即可成为一个完整的密封包装盒，可有效地保护产品。

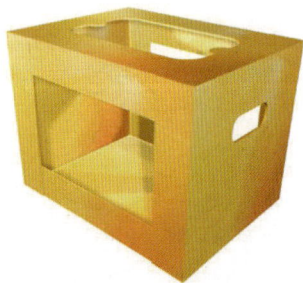

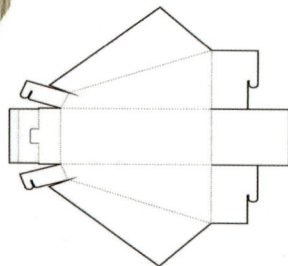

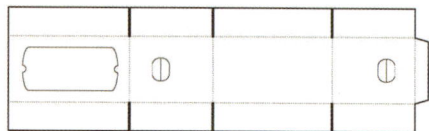

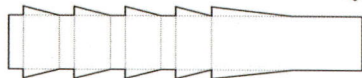

图3-49　开窗盒　　　　　　　　　　图3-50　陈列盒

（5）手提盒（图3-51）是一种从手提袋的启示发展出来的包装，其目的是使消费者提携方便。提携部分可与盒身一板成型，利用盖和侧面的延长相互锁扣而成；可附加塑料、纸材、绳索，或利用附加的间壁结构用作提手；也可将产品本身的提手伸出盒外用于提携。

（6）姐妹盒（图3-52），即在一张纸上设计制作出两个以上相同的纸盒结构，组合连接在一起，构成一个整体，每个纸盒结构又是独立的包装单位。这种纸盒结构适宜盛装系列套装小商品，如糖果、手帕、袜子、香水等。

（7）方便盒（图3-53）。它的最大特点是以为消费者反复取用产品带来方便为宗旨，并结合产品的特性来设计结构。当盛装粉粒状产品，如洗衣粉、巧克力豆、麦圈等时，可用带有活动小斗装置的方便盒；当盛装相对独立的产品，如化妆品、小礼品等时，可采用自动启闭结构的方便盒。

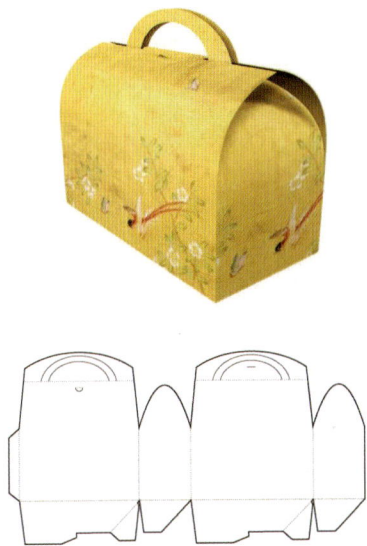

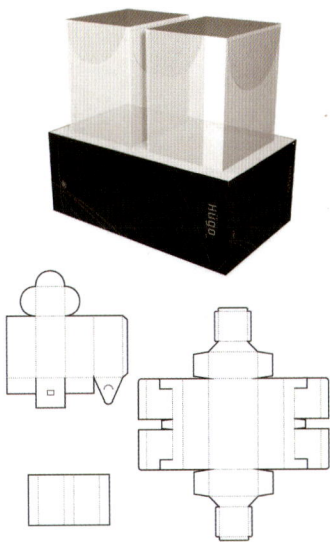

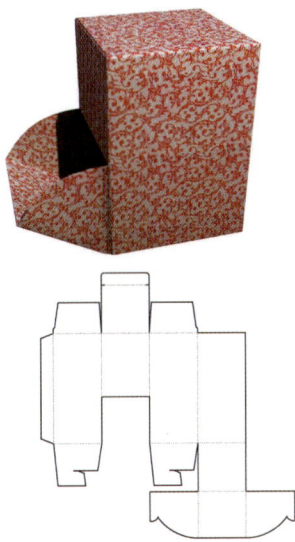

图3-51　手提盒　　　　　图3-52　姐妹盒　　　　　图3-53　方便盒

## 2. 间壁结构

间壁结构保护产品的主要方式是隔离各类易于破损的产品，能有效地缓冲碰、撞、摔等。同时，对于有数量限制的产品，这种结构也可以做到有条理的安排。为了适应不同的产品及不同数量的排列要求，已演化出多种间壁结构形式，但概括起来可分为自成间壁结构（图3-54）和附加间壁结构（图3-55）两种。

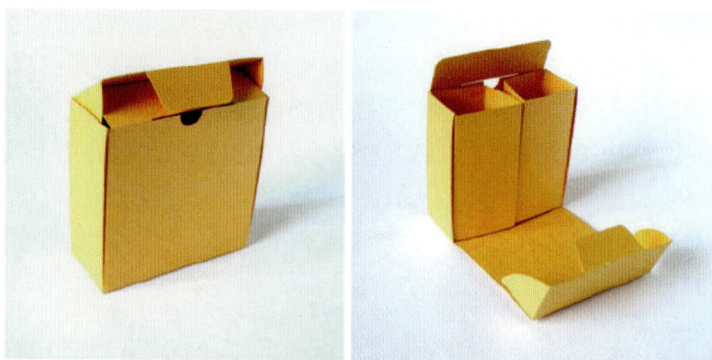

图 3-54　自成间壁结构

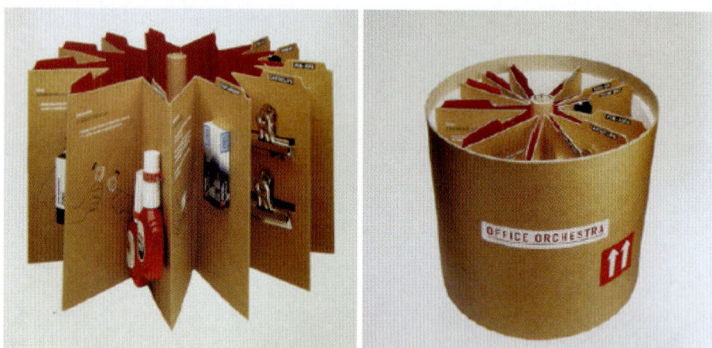

图 3-55　附加间壁结构

### 3.　盒底结构

在整体设计纸盒结构的同时，盒底部分的结构设计是最应重视的。因为底部是承载重量、压力，减轻振动、跌落影响最重要的部位。在进行包装结构设计时，应精心设计盒底结构，为成功的包装设计打好基础。根据所包装产品的性能、大小、重量，正确地设计和选用不同的盒底结构是包装设计中的一个重要步骤。

（1）插口封底式（图 3-56）。此种设计以其中一片摇翼覆盖住底，然后设计一个像舌头似的插片插入盒底。优点是结构简单，易于生产和运用，盒底越小，其负荷量越大，所以在小包装产品中应用广泛，如牙膏、香皂等，但不适合于较大、较重的产品包装。

（2）黏合封底式（图 3-57）。此种设计是黏合盒底四片摇翼，具有封合性能好、省材料、适合高速全自动包装机、可以承受较重的重量、防漏等特点，适合包装粉状产品和液体产品，如洗衣粉、饮料等。

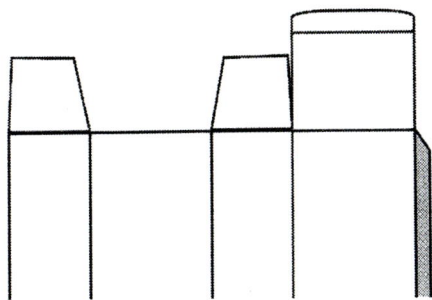

图3-56　插口封底式

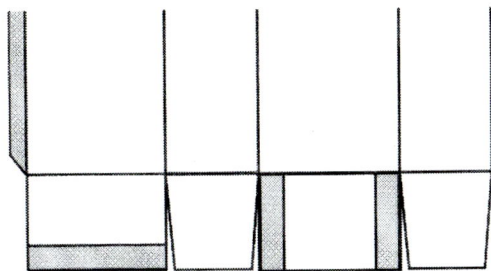

图3-57　黏合封底式

（3）连续摇翼封底式（图3-58）。此种设计是一种特殊的锁口形式，每一片摇翼都是同一种形式，依次往下，互相压住来实现锁底，具有盒底密封性好、强度高、需手工组装等特点，适合中心盒底的结构，如正方形、正三角形、正六边形。这种结构可作为礼品性产品包装。由于结构是相互衔接的，一般不能承受过重的分量。

（4）间壁封底式（图3-59）。这种盒底结构是对四片摇翼进行特定设计，将相对的摇翼插入盒底后，对纸盒内部进行一次分割，封底的同时起到分割固定盒内空间的作用，具有抗压力、挺度好、防震动、承重性强等特点，适合于一些需要间壁的产品包装，如针剂药品等。

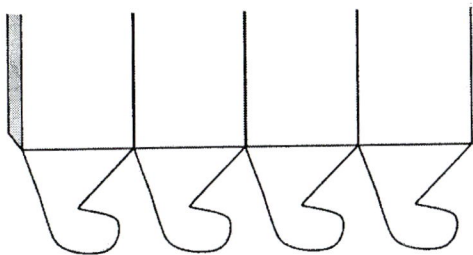

图3-58　连续摇翼封底式

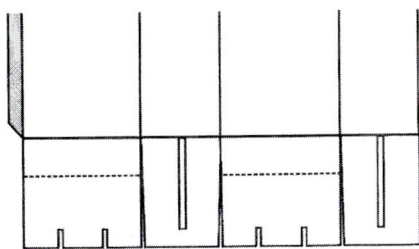

图3-59　间壁封底式

（5）锁底式。此种形式分为半自动（图3-60）和全自动（图3-61）两种，半自动锁底式盒底的四片摇翼设计成互相咬扣的形式进行锁底，具有盒底能承受一定的重量、可以包装多种类型的产品、需手工组装等特点，在大中型包装中应用十分广泛，一般白酒包装采用这种结构的盒底。

全自动锁底式是在半自动锁底式结构的基础上改进而来的，只需要黏合盒底余角。这种结构的包装最适合自动化生产，通过一系列的工序加工成型后，可折叠成平板运输，到达自动生产线后，只

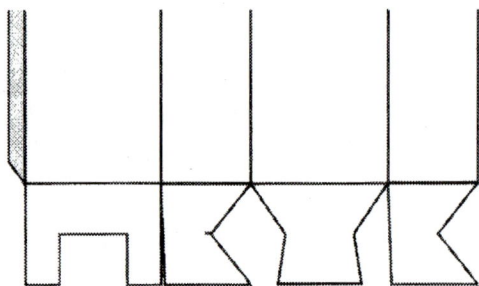

图3-60 半自动锁底式

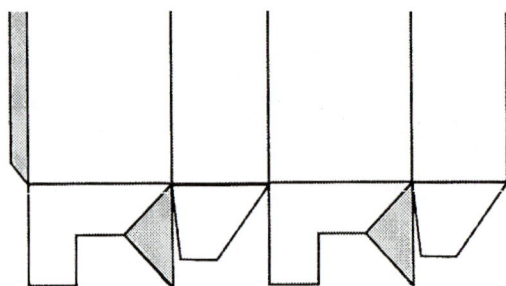

图3-61 全自动锁底式

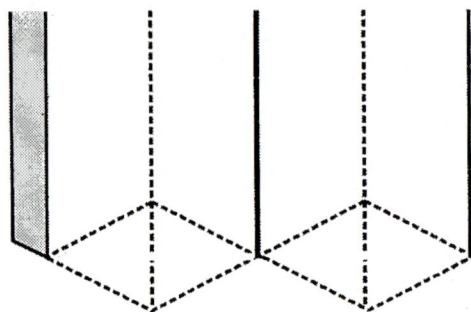

图3-62 掀压封底式

需要张盒机构撑开盒体,就可以自动封合。这种包装结构省去了手工组装的时间和工序,但对生产设备的要求较高。

(6)掀压式(图3-62)。此种设计是在纸盒的顶端部位进行折线和弧线的压痕,利用纸本身的强度和挺度,掀压折线和弧线,起到封底的作用,具有操作简单、节省材料、承重性能弱等特点,适合包装较小且重量轻的产品。

在盒体结构设计时,很多情况下并不是以单一的形式出现,而是以两种或三种组合的形式表现出来,应根据具体包装设计的需求灵活掌握。

# 模块 4

## 包装生产工艺与制作

本模块主要使学生认识并了解常见包装生产制作过程中的相关生产方式、材料与工艺，理解不同材料、工艺对包装设计最终效果的影响，了解常见包装形式与制作工艺的基本要求与基础知识，了解玻璃容器制作的工艺流程。培养学生的工匠精神与包装设计的职业素养。

### 知识目标

1. 掌握纸包装生产工艺的基础知识；
2. 了解其他包装形式的生产工艺与制作。

### 技能目标

1. 能分析各种包装材料生产工艺的特点；
2. 会区别不同包装材料的包装。

### 素质目标

1. 培养学生一丝不苟的作业精神；
2. 培养学生良好的交流、沟通、表达能力；
3. 培养学生拓展知识及创新的能力；
4. 培养学生的实践操作能力。

### 学习内容与训练项目

1. 印刷流程与工艺制作；
2. 认识其他包装形式；
3. 玻璃容器的生产与制造。

## 4.1 纸品包装印刷流程及工艺制作

　　精美的包装离不开包装印刷与生产制作。良好的包装印刷效果是提高产品的附加值、增强产品的竞争力、开拓市场的重要保障。包装设计者应该了解必要的包装印刷、材料、制作工艺等知识，使设计出的包装作品更加符合功能需求，提高产品的表现力。

### 4.1.1　印刷工艺流程

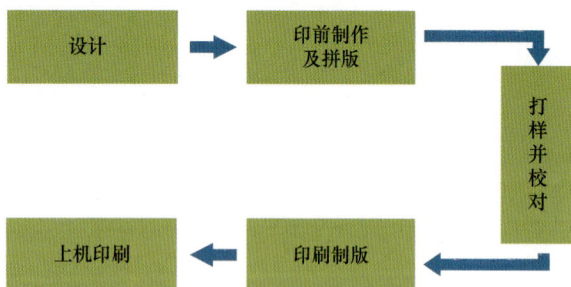

　　包装设计的图纸仅是给客户审阅的，要成为真正意义上的包装产品还需要经过一系列复杂的生产制作过程。包装成型之前的印刷就是其中非常重要的工作环节之一，图4-1为印刷工艺流程图。

印刷工艺流程

图4-1　印刷工艺流程图

　　为了提高印刷质量和生产效率，在印刷前，应注意查看设计稿有无多余或缺失的内容；文字和线条是否完整；检查套版线、色标及各种印刷和裁切用线是否完整等。只有这样，才能提高生产效率，保证印刷的顺利完成。

　　不同的包装材料会有不同的印刷工艺，由于纸品包装材料在实际生活中运用最广，所以下面以纸品包装材料印刷工艺为例，阐述印刷工艺的相关知识。

### 4.1.2　常见纸品包装材料的选择

　　在纸、塑料、金属、玻璃四大包装材料中，纸包装材料具有价格低廉、易于制作加工、印刷效果精美且可

常见纸品包装
材料的选择

回收再利用等特点，因此在包装中应用广泛且发展迅猛。包装中常见的纸制品有食品纸盒、餐巾纸盒、硬纸盒、瓦楞纸箱、食品纸袋、包装纸桶、手工纸艺及各种礼物包装纸制品礼盒等。

纸盒属于纸制品包装印刷中最常见的包装种类，使用的材料有瓦楞纸、纸板、灰底板、白卡以及特种艺术纸等，也有将纸板或多层轻质压花木板与特种纸结合，以获得更牢固的支撑结构。适合纸盒包装的产品很多，如常见的药品、食品、化妆品、烟草、家电、小五金、玻璃器皿、陶瓷、电子产品等。不同产品纸盒的设计与材料的选择应依据产品的不同特性和要求而变化。例如，同样是药品包装，药片和瓶装药水对包装结构的要求就不一样，瓶装药水需要高强度、耐挤压的硬纸板组成牢固的结构形成保护层，其结构一般内外结合，里层通常也会采用固定药瓶的装置，外层包装尺寸则根据瓶子的规格设定。有的包装纸盒是一次用完即废弃的，如家用纸巾盒子等，无须异常牢固，但需要选用符合食品卫生包装要求的纸制品来制作。不同纸盒材料的选择在成本上也存在较大的差异，在具体设计的时候也要充分考虑相关的因素。

### 1. 彩盒印刷纸张

优秀的包装作品是好的包装设计、印刷工艺和纸张材料的综合运用、相互配合、融为一体的艺术结晶。包装印刷纸箱纸盒的应用非常广泛，常见的包装印刷用纸（图4-2）有以下几种。

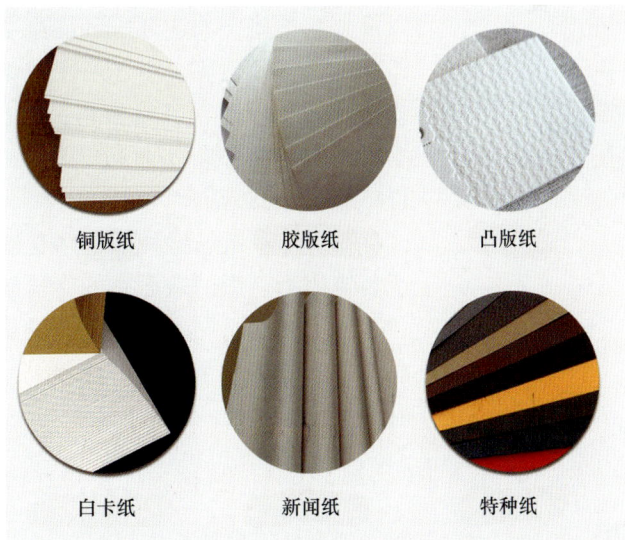

铜版纸　　　　胶版纸　　　　凸版纸

白卡纸　　　　新闻纸　　　　特种纸

图4-2　常见的包装印刷用纸

（1）铜版纸。铜版纸是在漂白木浆制成的原纸表面涂一层白色化学原料，再经压光而成。所以铜版纸有单面涂布压光和双面涂布压光两类，简称为单铜和双铜，又因压光面分为亮光和亚光两种，业界简称为光铜和亚粉。铜版纸的特点是纸张表面光滑度和白度较高，厚薄均匀、伸缩性小等，定量为70～350克/平方米，以平板纸为主，卷筒纸较少。习惯上300克/平方米以上的铜版纸称为铜版卡。平板纸规格为787毫米×1092毫米、889毫米×1194毫米。

（2）胶版纸。胶版纸是在漂白木浆制成的原纸表面施胶而成，能均匀吸收印刷油墨，平滑度较好，纸张表面光滑度、密度和印刷效果比铜版纸差一些，分为单面胶版纸和双面胶版纸。胶版纸按纸浆料的配比分为特号、1号、2号和3号四种，定量为50～180克/平方米，有平板纸和卷筒纸之分。平板纸规格为787毫米×1092毫米、850毫米×1168毫米、880毫米×1230毫米。

（3）凸版纸。凸版纸由漂白的茎秆类纤维浆制成，表面可不施胶或微施胶。凸版纸分为1号、2号、3号、4号四个级别，号数代表纸质的优劣程度，号数越大，纸质越差。凸版纸的特点是质地均匀、不起毛、略有弹性、不透明等，定量为50～80克/平方米，分为平板纸和卷筒纸，也有一些特殊尺寸规格的凸版纸。

（4）白卡纸。白卡纸有单面和双面两种，又分灰底和白底两种，其韧性强，折叠时不易断裂，主要用于高档包装物、吊卡等，定量为220～400克/平方米。

（5）新闻纸。新闻纸也叫白报纸，吸墨好，纸质轻，是报刊以及大众书籍（如连环画和漫画书等）的主要用纸，也常用于包装印刷中，如瓶贴等。由于所用造纸原料的关系，长期存放后，新闻纸会发黄、变硬、容易脆裂，定量一般为50克/平方米左右，分为平板纸和卷筒纸。平板纸规格为787毫米×1092毫米、850毫米×1168毫米、880毫米×1230毫米。

（6）特种纸。特种纸也叫花式纸，由不同材质的原料制成，属于装饰用纸。纸的表面有的有压纹，有的经过特殊处理。由于材质和造纸工艺的不同，特种纸种类繁多，颜色也非常丰富，是一些时尚前卫的包装为了突出设计效果经常采用的材料。特种纸的价格普遍高于普通纸张，印刷时还要特别注意色彩的还原。

## 2. 纸盒、纸箱制作常用纸材

纸盒、纸箱的使用材料以纸板为主（图4-3）。一般把定量在200克/平方米以上，或厚度在0.3毫米以上的纸张称为纸板。纸板的制造原料与纸基本相同，由于其强度大、易折叠的特点而成为包装纸

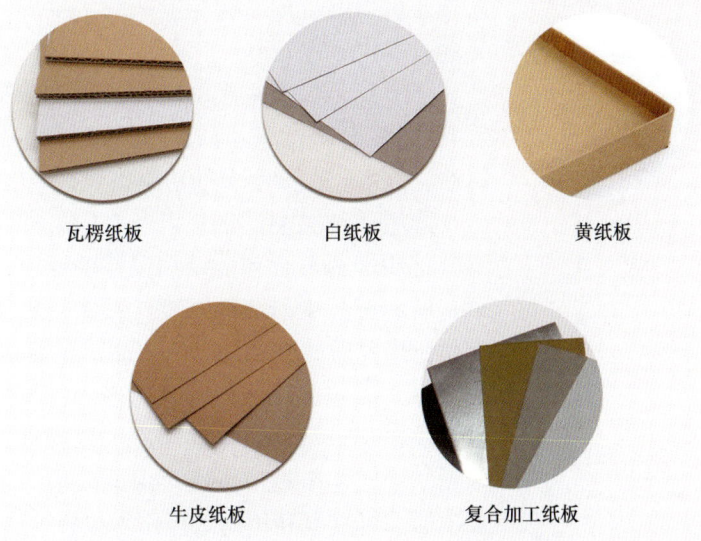

瓦楞纸板　　　　　　白纸板　　　　　　黄纸板

牛皮纸板　　　　　　复合加工纸板

图4-3　纸盒、纸箱制作常用纸材

盒的主要生产材料，通常用于纸盒内部结构或运输纸箱。纸板的种类有许多，一般厚度为0.3～1.1毫米。纸板一般不适于彩色印刷，多采用单色印刷。

（1）瓦楞纸板，主要由两个平行的平张纸作为外纸和里纸，中间夹着由瓦楞辊加工成的波形瓦楞芯纸，各个纸页与楞峰涂有黏合剂的瓦楞纸黏合在一起。瓦楞板主要用于制作外包装箱，用以在流通环节中保护产品，也可以用较细的瓦楞纸作产品纸板包装的内衬，以起到加固和保护产品的作用。瓦楞纸种类很多，分为单面、双面、双层和多层等。

（2）白纸板，是一种具有2～3层结构的白色挂面纸板，也是一种比较高级的包装用纸板。白纸板由面层、芯层、底层组成。生产白纸板时，面层和底层使用漂白浆，芯层用机械浆、二次纤维纸浆或其他的一些未漂和半漂纸浆，一般面层的漂白浆要求有一定的施胶度和印刷适应性。白纸板分为双面白纸板和单面白纸板。双面白纸板底层原料与面层相同，通常只用于高档商品包装。一般纸盒大多采用单面白纸板，如香烟、化妆品、药品、食品、文具等产品的外包装盒。

（3）黄纸板，是指由稻草为主要原料、用石灰法生产的纸浆抄制而成的低级纸板，主要用作粘贴于纸盒内、起固定作用的盒芯。

（4）牛皮纸板，由硫酸盐纸浆抄制而成。一面挂牛皮纸浆的称为单面牛皮纸板，两面挂牛皮纸浆的称为双面牛皮纸板，主要用作瓦楞纸板面纸的称为牛皮箱纸板，其强度大大高于普通面纸纸板，此外还可以结合耐水树脂制成耐水牛皮纸板，多用于饮料的集合包装盒。

（5）复合加工纸板，是指采用复合铝箔、聚乙烯、防油纸、蜡等其他材料复合加工而成的纸板。它弥补了普通纸板的不足，具有防油、防水、保鲜等多种功能。

选用哪种类型的纸板以及采用怎样的印刷加工工艺，首先，要看其材质能否符合包装结构设计的要求，能否承载产品在运输、储藏、展示过程中所需的强度。其次，要审查该类型的纸板能否符合产品所需品质的要求，有的产品对包装物的材料性能有严格的要求，如部分食品包装或药品包装。现代包装生产中能否符合印刷工艺技术以及模切、裁切或其他印后工艺要求，也是选择纸板材料的重要依据。同时为了适应绿色环保的要求，越来越多厂商将废料或废纸加工的、可重复利用的纸板作为包装首选。

### 4.1.3 包装纸品的印刷工艺

包装纸品的
印刷工艺

#### 1. 印刷方法

包装纸品印刷的方法有很多种，方法不同，操作也不同，印出的效果也不同。传统的印刷方法分为以下三类。

（1）凸版印刷（图4-4）。凸版印刷是指印版上的图文部分高于非图文部分，墨辊上的油墨只能转移到印版的图文部分，而非图文部分则没有油墨，从而完成印刷品的印刷。

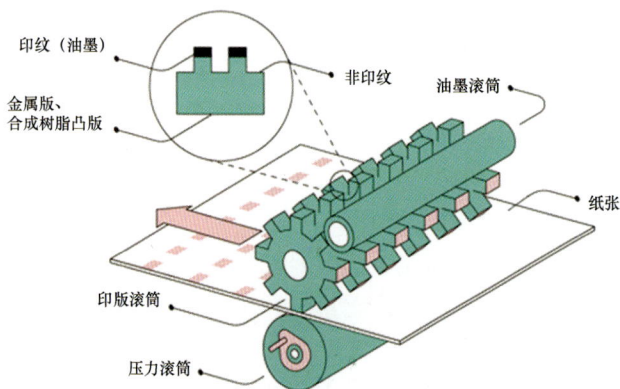

图4-4 凸版印刷的原理

凡是印刷品的纸背有轻微印痕凸起，线条或网点边缘部分整齐，并且印墨在中心部分显得浅淡的，都是凸版印刷品。

（2）平版印刷（图4-5）。印版的图文部分和非图文部分保持表面相平，图文部分覆盖一层富有油脂的油膜，而非图文部分则吸收适当水分。上油墨时，图文部分排斥水分而吸收油墨，非图文部分因吸收了水分而形成抗墨作用。

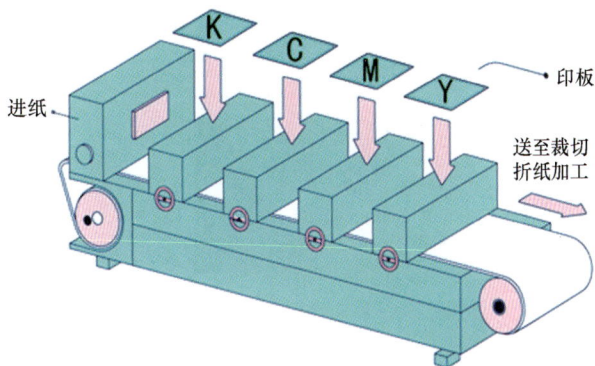

K. 黑色；C. 青色；M. 品红色；Y. 黄色。

图4-5　平版印刷的原理

使用平版印刷的印刷品具有线条或网点中心部分墨色较浓、边缘不够整齐、色调再现力差、缺乏鲜艳度等特点。由于平版印刷的方法在操作中简单，成本低廉，所以成为现在印刷上使用最多的方法。

（3）丝网印刷（图4-6）。丝网印刷是指在刮板挤压的作用下，油墨从图文部分的网孔中漏到承印物上，而非图文部分的丝网网孔被堵塞，油墨不能漏到承印物上，从而完成印刷品的印刷。

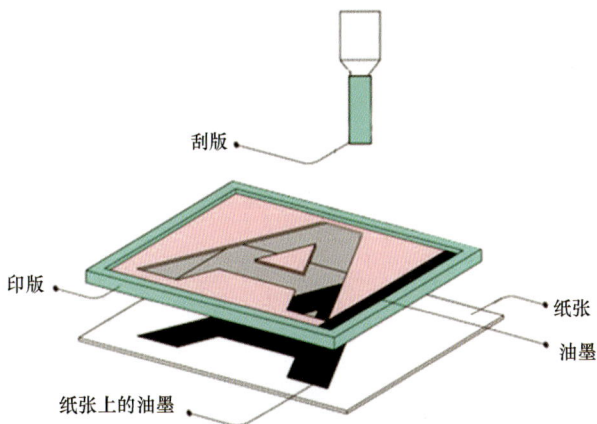

图4-6　丝网印刷的原理

使用丝网印刷的印刷品质感丰富、立体感强，并且这种印刷方法对于承印物的材料没有太多的要求，所以广泛应用于各种包装材料中。丝网印刷还可以进行大面积印刷，印刷产品最大幅面可达3米×4米，甚至更大。

图4-7　烫金工艺

### 2. 印刷工艺

纸品包装印刷的工艺有很多，下面主要介绍几种常用的印刷工艺。

（1）烫金工艺（图4-7）。烫金工艺的表现方式是将所需烫金的图案制成凸型版，加热，然后在被印刷物上放置所需颜色的铝箔纸，加压后，使铝箔附着于被印刷物上。

烫金纸材料颜色众多，有金色、银色、镭射金、镭射银、黑色、红色、绿色等。

（2）覆膜工艺。覆膜工艺是印刷之后的一种表面加工工艺，是指用覆膜机在印品的表面覆盖一层透明塑料薄膜而形成的一种产品加工技术，常用的有亮膜、亚膜，还有柔触膜、水晶膜、镭射膜、雪花膜等。亮膜色彩亮丽，表面光滑；亚膜色彩柔和，表面呈薄雾状，有磨砂感。图4-8为铜版纸不覆膜与覆膜的效果对比。图4-9为覆亮膜与覆亚膜的效果对比。

（a）不覆膜

（b）覆膜

图4-8　铜版纸不覆膜与覆膜的效果对比

经过覆膜的印刷品表面会更加平滑，能更好地起到保护作用，增加牢固度，防止撕扯刮花，耐磨耐晒，防污抗水，延长包装的使用寿命。凡需折叠的纸品通常都要做覆膜处理，以防止折痕被破坏、爆边擦花。根据包装的实际情况可采用双面覆膜或单面覆膜。

（3）击凸（图4-10）、压纹（图4-11）。击凸、压纹学名为压印，是靠压力使承印物体产生局部变化形成图案的工艺，其工艺采用金

（a）亮膜

（b）亚膜

图4-9　覆亮膜与覆亚膜的效果对比

（a）普通击凸

（b）立体击凸

图4-10　击凸工艺

（a）酒盒浮雕起鼓重压、深度深压纹包装

（b）酒盒浮雕深压纹包装

图4-11　酒盒浮雕深压纹工艺

属版腐蚀后成为压版和底版，两块版再进行压合制成需要的纹理。金属版又分为普通腐蚀版和激光雕刻版两种。

击凸、压纹工艺多用于印刷品和纸容器的后加工上，除了用于包装纸盒外，还用于瓶签、商标及书刊装帧、日历、贺卡等产品的印刷中。

（4）UV防金属蚀刻印刷工艺（图4-12）。UV防金属蚀刻印刷又称磨砂或砂面印刷，是在具有金属镜面光泽的承印物（如金、银卡纸）上印上一层凹凸的半透明油墨以后，经过紫外光（UV）固化，产生类似光亮的金属表面经过蚀刻或磨砂的效果。

图4-12　UV防金属蚀刻印刷工艺

UV防金属蚀刻油墨可以产生绒面及哑光效果，可使印刷品显得柔和而庄重、高雅而华贵。

除了以上介绍的几种印刷工艺外，纸品包装印刷工艺还包括折光、模切压痕、水热转印、滴塑、冰花、刮刮银等印刷工艺。这些印刷工艺各自具有不同的特点，在实际的印刷生产中应根据不同材料的特性与印刷工艺要求进行印刷制作。

## 4.2　其他形式包装生产制作与工艺

### 4.2.1　塑料包装

其他形式包装生产制作与工艺

塑料包装是一种由人工合成的高分子材料制作而成的包装，其成型方法主要有以下几种。

（1）挤塑（挤出）成型（图4-13），主要用于生产管材、片材、柱形材。

（2）注塑（注射）成型（图4-14），需要制作模具，其成本较高，但是优质的模具可以保证制品尺寸精确、表面光洁，适合大批量生产，广泛用于塑料杯、塑料盒、塑料瓶、塑料罐等塑料包装容

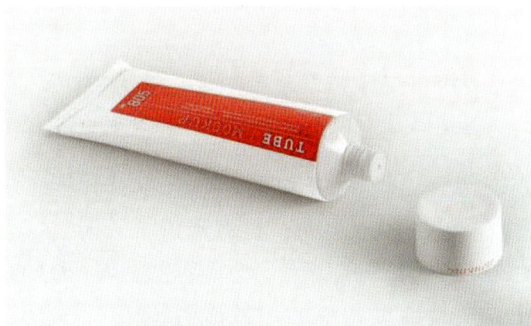

图4-13　挤塑（挤出）成型

图4-14　注塑（注射）成型

器的生产制造。

（3）吹塑成型（图4-15），是制造中空瓶型容器的主要方法，如化妆品瓶、饮料瓶、调料瓶。

### 4.2.2　金属包装

金属包装具有隔绝空气、光线、水汽进入，防止香气的散溢，密闭性好，抗撞击，可以长时间保存食品等特点。常见的生产制作工艺有冲压成型（图4-16）和制罐成型（图4-17）两种。

图4-15　吹塑成型

图4-16　冲压

图4-17　制罐成型

（1）冲压成型，即利用金属冲压原理，先用冲压件将金属板料冲压成型，然后经过分离工序使冲压件与板料沿所要求的轮廓线相互分离，再经塑性变形工序使冲压毛坯获得所要求的准确尺寸和形状。

（2）制罐成型，即先将铁皮平板坯料裁成长方块，然后将坯料卷成圆筒，并焊接纵向接合线形成侧封口，将罐底与圆形端盖用机械方法滚压封口，从而形成罐身，另一端在装入产品后再封上罐盖。

## 4.3 包装生产工艺与制作能力拓展

包装容器的生产制作在包装设计中占有非常重要的地位，其中玻璃容器是最为常见的容器类型，具有密封、透光、能够长期保存、对湿度高度敏感的特点。玻璃容器是将熔融的玻璃料经吹制、模具成型制成的一种透明容器，其易于加工、易于造型，装潢手段丰富。

包装生产工艺与制作能力拓展

### 4.3.1 玻璃容器的分类

玻璃瓶有绿瓶和白瓶之分，白瓶又分为普白料（图4-18）、高白料和晶白料（图4-19）。

图4-18 普白料玻璃容器        图4-19 晶白料玻璃容器

普白料感觉有杂色、幻影（变形），不是很通透；高白料瓶体通透，无幻影，如注入酒后会显得比较纯净；晶白料制作更加考究，瓶体呈现如玉石般滑润的感觉，晶莹透明，适用于高端产品的包装。

从成本上讲，晶白料成本最高，高白料次之，普白料成本最低，同时档次也是依次递减。

### 4.3.2 玻璃容器的制作工艺

玻璃的生产工艺包括配料、熔制、成型、退火等工序。

#### 1. 配料

制作玻璃容器应按照设计好的料单，将各种原料称量后在一混料机内混合均匀。玻璃的主要原料有石英砂、石灰石、长石、纯碱、硼酸等。

### 2. 熔制

配好的原料经过高温加热，可形成均匀的无气泡的玻璃液，这是一个很复杂的物理、化学反应过程。玻璃的熔制在熔窑内进行，熔窑主要有两种类型，一种是坩埚窑，将玻璃料盛在坩埚内，在坩埚外面加热。小的坩埚窑只放一个坩埚，大的可多达20个坩埚。坩埚窑是间隙式生产的，现在仅有光学玻璃和颜色玻璃采用坩埚窑生产；另一种是池窑，玻璃料在池窑内熔制，明火在玻璃液面上部加热。玻璃的熔制温度为1300~1600℃，大多数用火焰加热，也有少量用电流加热（电熔窑）。池窑生产属于连续生产。

### 3. 成型

成型是将熔制好的玻璃液转变成具有固定形状的固体制品。成型必须在一定温度范围内才能进行，这是一个冷却过程，玻璃首先由黏性液态转变为可塑态，再转变成脆性固态。成型方法可分为人工成型和机械成型两大类。

### 4. 退火

玻璃在成型过程中经受了激烈的温度变化和形状变化，这种变化在玻璃中留下了热应力，这种热应力会降低玻璃制品的强度和热稳定性，如果直接冷却，玻璃制品很可能在冷却过程中或以后的存放、运输和使用过程中自行破裂（俗称玻璃的冷爆）。为了消除冷爆现象，玻璃制品在成型后必须进行退火。退火就是在某一温度范围内保温或缓慢降温一段时间，以消除或减少玻璃中的热应力，直至允许值。

## 4.3.3　瓶盖的材质

瓶盖（图4-20）根据材质的不同分为胶盖、塑料盖、金属盖。当然也有用与瓶体一样的材质，如玻璃盖、瓷盖、水晶盖等。

图4-20　瓶盖

# 模块 5
## 包装设计的评估与汇报

本模块主要让学生学习包装设计的评估与汇报的基本知识，掌握包装设计的评估标准，能对包装设计项目进行准确、全面的评估，掌握包装设计项目的汇报流程及方法。

### 知识目标

1. 了解包装设计的多方评估标准；
2. 了解包装设计的综合评估方法；
3. 学会对所设计的包装项目进行总结。

### 技能目标

1. 学会包装设计项目汇报手册、汇报PPT的制作；
2. 掌握包装设计项目汇报的技巧与方法。

### 素质目标

1. 培养学生勤于思考、做事严谨的良好作风；
2. 培养学生不断拓展自我专业知识的意识和能力；
3. 培养学生良好的沟通与表达能力。

### 学习内容与训练项目

1. 包装设计评估标准学习；
2. 项目汇报手册、PPT制作基础知识学习；
3. 口语表述能力训练。

## 5.1　包装设计评估

一件包装设计完成之后，该如何评估设计的成功与否是包装设计师和客户需共同面对的重要问题。很多情况下，包装设计师和客户往往是凭个人经验或喜好来判断一个包装设计成品的好坏，忽略了包装设计能否完成预定的市场目标，是否传达了正确的品牌信息，包装的使用功能是否恰当等。这样得出的结论往往缺乏准确性和普遍性，从而导致资源浪费，并且可能使包装设计和品牌策略、营销策略发生偏离。因此，就需要用一个客观而科学的评估标准对包装设计成品进行评估。

包装设计评估

包装设计的评估主要包括成品视觉吸引力、信息有效性、诉求力、使用性、审美性、可操作性、绿色环保性等综合因素。通过对这些因素的评估，我们可以对一个包装设计做出较为精准的判断。

### 1.　成品视觉吸引力

成品视觉吸引力是指包装吸引顾客注意的能力。只有顾客注意到了产品的存在，才能进一步观察产品，并依据所得信息做出是否购买的决策。因此，吸引力是第一位的。包装视觉吸引力的强弱，往往是由包装的特色程度以及同周围环境的对比程度来决定的。有特色的包装造型、强烈的色彩、美妙的图案等都能提高包装的吸引力。特别是和同类产品相比，若包装呈现出与众不同的视觉效果，有助于产品在消费者面对众多选择的时候吸引其关注。因此视觉吸引力是判断包装设计优劣的首要条件，只有具有良好的吸引力，才能使产品在货架上脱颖而出，从而传达产品和品牌的信息，完成进一步的销售目标。

### 2.　信息有效性

包装的主要功能之一就是传达产品信息。包装上的信息一般可以分为两类，第一类是实用信息，如产品数量、规格、使用说明等。这类信息主要是帮助用户正确使用产品。第二类是宣传性信息，如产品名称、广告标语、产品特点、品牌定位等。这类信息的功能是市场功能，主要起到刺激消费者购买、强化品牌信息等作用。一个良好的包装设计，在信息的处理上应有主次差别，对信息应进行分级处理而不能一刀切，这样才能保证信息的有效传达。从上述两类信息的功能上来讲，第二类信息更有利于产品的销售和竞争，对于销售者来讲也更为重要，因此，在包装上应尽量突出第二类信息。对于第一类信息，则可做相对弱化处理，但应保证有效的信息识别性。

### 3. 诉求力

一款产品要想在市场上取得良好的销售业绩并树立品牌形象，就必须有一个与众不同的诉求点，或者明确的定位。有了明确的诉求，产品就能与其他同类产品拉开距离，产生差异化优势，在消费者心目中建立独特的品牌形象。包装作为与消费者沟通的销售终端，要能够反映产品的市场诉求点。同时，包装设计还要同其他营销传播手段相统一，如广告公关、促销等活动，从而形成整体营销传播系统，使产品的定位信息传达得更加有力而统一。因此，包装设计是否体现了产品的市场诉求点，也是考察包装设计成败的标准之一。

### 4. 使用性

使用性主要是对包装使用功能方面的考察。产品包装的最基本功能就是对产品的保护和盛放。因此应重点考察包装是否根据产品特性的要求，具有保护产品、易于运输与存储、方便用户的使用等功能。一个优秀的包装，除了要具有市场营销功能外，还要具有良好的使用性，以保证产品在市场上的安全流通和消费者的便利使用。尤其要从消费者使用的角度考量包装的功能是否满足了消费者的需要、在使用过程中的操作体验是否舒适愉悦，这样才能使消费者产生情感上的获得感，从而产生良好的品牌效应。

### 5. 审美性

审美性是指包装的外观应该能给消费者带来视觉愉悦，具有一定的美感。尽管对于"美"的理解，不同人有不同的看法，但从宏观上讲，一些审美标准是大家所共同认可的，如造型的流畅优美、比例的均匀、画面元素的平衡、色彩的协调搭配等。在有的包装设计中，经常为了强调促销的功能或品牌信息，而把对应的文字、图形、标志等视觉元素不恰当地突出，或者把所有产品信息全部堆在包装表面，从而导致包装品位下降，给消费者留下低俗而廉价的印象。因此，包装设计也需要在审美方面有整体的把握和设计，使用户能从包装的外观中体会到视觉的美感，从而提升产品的价值。偏高端的产品包装，如各类礼品包装，更需要加强其艺术性，在造型、色彩、图案等方面给消费者带来视觉上的审美愉悦，为消费者做出购买决定提供更有效的支撑。

### 6. 可操作性

成功的包装设计不仅是美丽的设计图纸，而应是摆上货架的商品。从设计图纸到实现为商品，中间需要经过无数的生产环节，设计的图纸能否符合生产制作的要求和标准，或者说包装设计的想法能否实现，是衡量包装设计是否成功的重要标准之一，这就是包装设计的可操作性。许多初学包装设计的设计师很容易出现设计方案不具备操作性的问题，其中也包括包装成本的控制。包装是一种商业行为，厂家或者客户根据营销策略都会有包装的成本预算，超出预算范围会直接影响包装设计的实现，这就要求包装设计师要对包装的工艺、材料、生产流程等有一定的了解，设计时要对包装的成本进行估算，从而保证包装设计的可操作性。

### 7. 绿色环保性

在绿色发展理念深入社会方方面面的今天，包装设计是否符合绿色环保的设计要求，成为衡量包装设计成功与否的重要标准之一。根据《绿色包装评价方法与准则》（GB/T 37422—2019），绿色包装是指在包装产品全生命周期中，在满足包装功能要求的前提下，对人体健康和生态环境危害小、资源能源消耗少的包装。

当然，并不是要求每个包装都必须满足上述的所有特征，而是要根据产品特点、市场情况和用户需求有所侧重，如有的产品包装强调信息的有效性，有的包装强调审美性或者市场诉求。

尽管我们不可能为评估包装的好坏确定一个精确的标准，但我们可以从上述七个方面来进行综合分析，对包装的好坏做出相对整体性的评估，为最终在营销活动中做出正确的包装决策提供依据。

## 5.2 包装设计项目汇报与沟通

### 5.2.1 项目汇报材料的制作

包装设计项目的实施是一个系统工程，因此在项目开展的各阶段都会进行项目汇报，以便决策者及时掌握项目实施情况，并及时做出调整。汇报材料一般分为汇报手册和汇报PPT两类，它是对项目的一个说明和解读。大型设计项目，汇报一般分为前期项目调研汇报、中期项目进度汇报、后期项目总结汇报。通过项目的各项汇报，可以让设计团队、项目委托方对项目有全面、系统的了解。汇报材料的内容必须简洁，脉络必须清晰。在内容上，必须清楚地写明项目的执行单位、汇报方所扮演的角色、项目的主要内容、项目的必要性和意义、项目的总目标、项目的进度计划、项目

包装设计项目
汇报与沟通

团队介绍、项目结构、成本预算与控制、风险预估、与委托方的沟通情况、项目的成效等。项目汇报材料一般需要用标准 A4 纸彩色打印。

一份优秀的项目汇报手册和汇报 PPT 可以缩短汇报的时间，增强汇报的说服力。应尽量减少文字数量，用图表表达，特别是设计类项目，图、表的说服力更强。如果一定要使用多篇幅文字，则要注意文字的数量及其阅读性。在制作汇报手册和汇报 PPT 时，必须遵循版式设计的原则，字体不宜过大，在 PPT 制作中一级标题宜用 36 号黑体，二级标题宜用 32 号黑体加粗，三级标题宜用 28 号黑体加粗，四级标题宜用 24 号黑体加粗，五级标题宜用 20 号黑体加粗，字体太小会影响受众的视觉效果。如果字数实在太多，可以多拆分几页，或者制作成表格，而不要为了制作方便将文字密密麻麻地放在一页。

每一页 PPT 或者手册中一般不超过三种颜色，每一个 PPT 或手册中最好使用同一色系。汇报时，环境的光线与 PPT 的配色关系也非常重要，较暗的房间内汇报时可运用深色背景（深蓝、灰等）配白或浅色文字；明亮房间内汇报时可运用浅色背景配深色文字，视觉效果会更好。汇报前最好先进行预演，查看是否因为投影或显示器的显示差异造成色差，文字的色彩运用应避免出现与背景相似的颜色，避免使用刺激眼睛的颜色。

## 5.2.2　沟通技巧与口语汇报训练

包装设计职业能力的培养不仅需要创意、设计和制作能力，同时还需要具备口语表述能力。包装设计师要想顺利而出色地完成包装设计任务，使自己设计的包装产品产生良好的社会效益和经济效益，离不开方方面面相关人员的紧密配合和合作。设计方案的制定和完善需要与公司决策者进行商榷；市场需求信息的获得需要与消费者及客户进行交流；销售信息的获得离不开营销人员的帮助；各种包装材料的来源离不开采购部门的提供；工艺的改良离不开技术人员的配合；产品的制造离不开工人的辛勤劳动；产品的质量离不开公关人员的付出。因此，包装设计师要学会与人沟通、交流和合作，这不仅可以提高其社交能力，更由于口语表述具有交流快捷、使用灵活、适应性广等特点，可以用最快的速度将自己的创意思路和设计方案与合作伙伴或委托方做沟通，正确而具有说服力的表述可以使包装设计方案顺利地通过验收。

### 1.　一般口语表述训练的要求

（1）语言规范。在社会工作、交往与学习中，都需要具备一定的社会交际能力和口头表达能力，表达者言语的规范性、发言的准确性直接关系到受众能否准确理解其意图。因此应通过口语表述训练，规范语言表达，提高普通话水平，避免方言口音和不规范表达。

（2）吐字流畅。这一要求侧重于发声系统在语言表述时运用的协调性。它不仅要求发声时气息畅通，更要求吐字共鸣的准确性、内容表述句式的完整性。

（3）构想周密。这一要求主要侧重于对话题的思考能力的训练。口语表述与一般日常口语的区别在于：前者更注重于对话题全面深刻的理解与把握，对表述的逻辑性和严密性有更高的要求。

（4）详略得当。这一要求侧重于逻辑建构能力的训练。口语表述与日常口语一样，有时一个话题可以自成一个体系，而表述中常有时限要求，表述者必须语言精练。

（5）表意准确。这一要求侧重于口语表述中的语法修辞的训练。口语表述与书面文字表述其实并无本质的区别，它同样有议论、叙事、抒情、说明等分类形式，也同样要求论证的缜密、叙事的生动、抒情的贴切、说明的清晰。

（6）反应敏捷。这一要求是对思维反应能力的训练。它有两层含义：一是对对方表述内容主旨的准确把握，二是对对方的表述迅速做出准确、恰当的反馈。

（7）表情自然、仪态得体。这一要求侧重于面部表情、眼神、肢体在口语交际中有机配合的训练。

### 2. 口语表述训练的方法

为了达到一般口语表述的要求，必须有意识地通过一些方法进行锻炼。

（1）速读法。这种方法的训练可使讲述者口齿伶俐、语音准确、吐字清晰。开始朗读的时候速度较慢，然后逐次加快，最后达到所能达到的最快速度。读的过程中不要有停顿，发音要准确，吐字要清晰，要尽量把每个字音都完整地发出来。

（2）复述法。复述法简单地说，就是把别人的话重复地叙述一遍。这种训练方法可锻炼人的记忆力、反应力和语言的连贯能力。

（3）模仿法。在听广播，看电视、电影时，可以跟着播音员或演员进行模仿，注意他们的声音、语调、神态、动作，边听边模仿，边看边模仿，通过长期积累，不仅讲述者的口语能力可以得到提高，而且还会增加词汇量，拓宽自己的知识面。

（4）描述法。描述法也就是把自己看到的景、事、物、人用描述性的语言表达出来。

此外，无论是演讲、说话、论辩都需要有较强的组织语言的能力，组织语言的能力是口语表达能力的一项基本功。

## 5.3  包装设计能力训练的拓展

包装设计人员需要对自己的设计能力进行不断的磨练，积极参加各类包装设计竞赛是培养设计创意思维、设计表现能力等有效的途径之一。

### 5.3.1  世界包装设计竞赛

#### 1. "世界之星"（World Star）包装设计奖

"世界之星"包装设计奖是世界包装组织（World Packaging Organisation，WPO）在世界范围内评选出的优秀包装设计的最高奖项，代表着全球包装设计的发展方向。该奖每年评选一次，获奖者由世界包装组织颁发奖杯（牌）及证书。大赛程序是由各成员国（地区）理事机构向世界包装组织推荐获得本国（地区）大奖的优秀包装设计作品，由世界包装组织理事会进行评比，产生"世界之星"包装设计奖获奖作品。评选活动旨在宣传和引导全球包装设计朝着科学和艺术的方向发展。

中国出口商品包装研究所是世界包装组织理事成员单位，是世界包装组织认可的"世界之星"包装设计奖作品对外报送机构，代表中国行使投票权。"世界之星"包装奖作品推荐组委会设立的中国"包装之星"奖是世界包装组织认可的中国具有报送资格的奖项。组委会历年推荐的作品，在"世界之星"包装设计奖评选中都取得了骄人的成绩，已成为中国包装打开国门、走向世界的文化符号之一。获奖的设计师在获得国际认可的同时，也能在全球包装设计舞台上大放异彩。

"世界之星"包装设计奖汇聚了当今世界顶级设计师的创意精华，注重包装设计作品的创新性、商品化、服务性、环保性等理念，强调设计创新在当今全球范围内展现出的发展态势，让更多的人了解和关注全球包装设计领域的现状和未来的发展趋势。

奖项设置：

世界之星奖（WorldStar Award）。

特别奖项：

世界包装
设计竞赛

103

"世界之星"主席奖（President's Award）：分为金奖、银奖、铜奖。

"世界之星"销售奖（Marketing Award）。

"世界之星"节约食物奖（Save Food Packaging Award）。

"世界之星"可持续奖（Sustainability Award）。

"世界之星"包装设计奖评选标准：①对内装物有良好的保护和保存性能；②开启方便，使用安全；③体现商品属性；④具有销售吸引力；⑤平面设计美观大方；⑥包装制作精美；⑦节约材料、降低成本；⑧有利于环境保护，可回收；⑨结构设计独特、创新；⑩包装设计属地性，适合产品所在地的条件，材料源于产品所在地。

### 2. "世界学生之星"包装设计奖（图5-1）

图5-1 "世界学生之星"包装设计奖

"世界学生之星"（WorldStar Student）包装设计奖是世界包装组织为世界各地的大学、专科学校或类似机构致力于包装设计及研究的在校学生设立的，具有国际影响力的高水平奖项，目的在于为全世界大学生提供一个在包装设计方面展示创造力和交流的平台。其重视对青年学生"未来的设计师"的培养，挖掘和发现具有鲜明时代特征的优秀包装设计作品，使未来的包装产品在保存、宣传、运输方面满足世界性的挑战。"世界学生之星"包装设计奖得到国际性承认，由世界包装组织公布获奖者名单，并在全球进行广泛的宣传。"世界学生之星"包装设计奖下设四个奖项，即"世界学生之星"（WorldStar Student）奖、荣誉提名（Certificate of Merit）奖、入围证书（Certificate of Recognition）奖、节约食物（Save Food Packaging Award）奖。获得"世界学生之星"包装设计奖的学生将被国际主办方邀请参加颁奖大会。

"世界学生之星"包装设计奖评选标准：①具有创新性；②具有销售吸引力；③良好的销售外观及平面设计；④可持续发展性；⑤易于加工制造；⑥包装的目的性与其功能相结合；⑦整体印象突出。

### 3.　红点设计大奖

红点设计大奖是国际公认的全球工业设计顶级奖项之一，与德国"iF奖"、美国"IDEA奖"并称为世界三大设计奖。起初，它纯粹只是德国的奖项，但逐渐成长为国际知名的创意设计大奖。红点设计大奖的发展几经演变，由最初的为商业、政治、文化和公众的设计论坛转变为设计行业的商业推广机构，并由发起人彼得·赛克（Peter Zec）教授于1992年正式定名为"红点设计大奖"。每年，一些达到设计品质极高境界的优秀作品会被授予红点设计大奖，此奖项一直被冠以"国际工业设计的奥斯卡"之称。红点设计大奖评选的标准极为苛刻，评选会严格按照通过筛选和展示认定资格的标准进行，只有上市不到两年的产品才具备参选资格。

红点设计大奖被公认为国际性创意和设计的认可标志，获得该奖意味着产品外观及质感获得了最具权威的品质保证，同时，获奖作品还将得到最大范围的推广。所以，赢得红点设计大奖成为每位设计师引以为豪的殊荣。

红点设计大奖评选标准如下。

（1）革新度：产品设计概念是否属于创新，或属于现存产品的新的更让人期待的延伸补充？

（2）美观性：产品设计概念的外形是否悦目？

（3）实现的可能性：现代科技是否允许设计概念的实现？如果如今科技程度达不到实现设计概念的程度，那么未来1～3年是否有可能实现？

（4）功能性和用途：设计概念是否符合操作、使用、安全及维护方面的所有需求？是否满足一种需求或功能？

（5）生产效率/生产成本：设计概念是否能以合理的成本生产出来？

（6）人体工学和与人之间的互动：产品概念是否适用于终端使用者的人体构造及精神条件？

（7）情感内容：除了眼前的实际用途，产品概念是否能提供感官品质、情感依托或其他有趣的用法？

### 5.3.2 中国包装设计竞赛

#### 1. 中国包装创意设计大赛

中国包装创意设计大赛是由中国包装联合会举办，是中国包装联合会贯彻落实国务院对包装高质量发展战略和对中国包装创新创意设计发展的决策部署，也是促进中国包装大国迈向包装强国的一个举措。

中国包装联合会是国家一级行业协会，综合门类齐全，惠及工业生产、行业标准制定、科技发展规划、包装教育、先进设计、智能制造等各个领域；引导和推进着我国包装科技进步、文化繁荣的各项职能。

中国包装创意设计大赛立足全国，面向世界，是中国包装界的权威赛事，亦是当前中国包装行业、包装教育、艺术设计教育界备受瞩目的专业竞赛活动，大赛的优秀作品也是教育部、国家职业教育专业教学资源库建设的重要组成部分。

中国包装创意设计大赛专家评审团规模庞大，评审分为初评、复评和终评。评审一般通过网络进行。初评审由分布在全国不同地区、不同专家、不同院校副高以上职称专家组成团队评审，为避免地区差异对作品的误判，再经复评和终评。复评和终评主要由评委会专家以及来自中国包装联合会专业委员会相关专家评审及审定。所有作品均经过极为严格和规范的程序评出。

中国包装创意设计大赛严格按照国际惯例和公开、公平、公正、逐项、择优的评审原则，以保证大赛的权威性。

#### 2. 全国大学生包装结构创新设计大赛

全国大学生包装结构创新设计大赛是一项由教育部轻工类专业教学指导委员会主办的，面向全国普通高等学校包装类专业在校大学生的全国性学科竞赛活动，旨在为包装设计领域培育和发现人才，挖掘新的包装创意和新作品，服务包装行业的发展。大赛与教学相结合，通过调研分析，了解受众需求，进行创新包装结构设计，为高校学生提供一个展示自我的舞台，打造属于高校包装人自己的赛事。

大赛以培养大学生创新结构设计能力为目标，以发现人才、培养人才为宗旨，面向全国普通高等学校包装类专业在校大学生，结合参赛作品，激发学生的创新设计灵感，培养学生的创新创意素质和包装设计能力。

　　所有参赛作品必须遵照大赛宗旨，其内容要求如下：①具有较强的创新内涵；②突出结构、功能与艺术等创新，突显价值理念；③从造型设计、环保性能、成本优化等方面体现大赛主题；④充分考虑材料运用及功能结构合理，考虑批量生产制造可行性；⑤体现创意包装、智慧包装以及注重消费体验的发展方向。大赛评审标准及原则如表5-1所示。

表5-1　全国大学生包装结构创新设计大赛评审标准及原则

| 评审项目 | | 百分比/% | 评分标准 |
|---|---|---|---|
| 创意构思 | | 40 | 1. 个性突出，具有原创性及独创性<br>2. 符合人们的使用习惯，挖掘使用者的潜在需求<br>3. 具有趣味性及互动性，充分发挥包装的功能 |
| 结构合理 | | 20 | 1. 基于创意的前提下具有较强的实用性，使用安全方便<br>2. 对内装物有良好的保存及保护性能<br>3. 考虑批量加工生产的效率及难易程度 |
| 销售外观 | | 15 | 1. 具有良好的终端展示效果，最好与平面设计表现相结合，能促进销售、赢得市场<br>2. 符合商品属性，能体现产品价值及文化 |
| 环保性能 | 材料 | 20 | 1. 使用材料环保性<br>2. 结构设计省材料，加工方式环保<br>3. 考虑循环利用，材料可回收 |
| | 结构 | | |
| 其他 | | 5 | 1. 提供作品样板<br>2. 作品文案有创意，配合平面设计效果<br>3. 作品描述清晰，介绍资料齐全 |

优秀包装
设计欣赏

# 参 考 文 献

陈光仪，耿燕，顾静，等，2010. 包装设计［M］. 北京：清华大学出版社.

金保华，2015. 包装设计［M］. 西安：西安交通大学出版社.

李立君，2017. 包装设计［M］. 沈阳：辽宁美术出版社.

刘晖，2014. 艺术设计专业基础教程：包装设计［M］. 沈阳：辽宁美术出版社.

刘西莉，2012. 包装设计［M］. 北京：人民美术出版社.

孟娟，2013. 包装设计［M］. 北京：中国纺织出版社.

任莉，2018. 包装设计［M］. 合肥：安徽美术出版社.

沈卓娅，谢丽萍，2017. 包装设计项目化教程［M］. 北京：高等教育出版社.

王安霞，2017. 包装设计与结构［M］. 合肥：安徽美术出版社.

王广文，2010. 包装设计［M］. 北京：人民美术出版社.

徐丰，熊金汇，朱彬，2011. 包装设计［M］. 北京：中国民族摄影出版社.

于静，2015. 包装设计与实训［M］. 沈阳：辽宁美术出版社.

朱国勤，2012. 包装设计［M］. 上海：上海人民美术出版社.